IPD

Integrated Project Delivery

협력을 통한
프로젝트 성공 방식

정형석 / 한미글로벌 공저

IPD

Integrated Project Delivery

협력을 통한 프로젝트 성공 방식

1판 1쇄 인쇄 2020년 12월 15일
1판 1쇄 발행 2020년 12월 20일

지은이 | 정형석 / 한미글로벌
발행인 | 김병계
발행처 | 도서출판 보문당
등 록 | 1990년 6월 15일(제 1-1066호)
주 소 | 서울시 마포구 토정로 222 한국출판콘텐츠센터 422호
전 화 | 704-7025 / 704-0635
팩 스 | 704-2324
홈페이지 | http://www.bomoondang.co.kr
전자우편 | bmdpub@naver.com

값 18,000 원

ISBN : 978-89-8413-232-0 (93530)

이 도서의 국립중앙도서관 출판예정도서목록(CIP)은
서지정보유통지원시스템 홈페이지(http://seoji.nl.go.kr)와
국가자료종합목록 구축시스템(http://kolis-net.nl.go.kr)에서
이용하실 수 있습니다. (CIP제어번호 : CIP2020051240)

IPD

INTEGRATED PROJECT DELIVERY

협력을 통한 프로젝트 성공 방식

정형석 / 한미글로벌 공저

普文堂

권두언

오늘날의 건설 프로젝트들은 복잡성이 증가되고 너무 많은 이해관계자로 나뉘어져 있어 제대로 효율을 발휘하지 못하고 있습니다. 하지만 발주자가 요구하는 성능 조건은 지속적으로 지능화, 스마트화 되고 있어 다양한 전문 업체들의 참여가 필수 요건이 되고 있습니다. 이는 이해 관계자 증가로 분절화와 파편화되는 건설환경에서 참여자간 상호 협력 및 통합이 건설산업의 중요한 과제로 대두되고 있다는 것을 말합니다.

특히, 건설 프로젝트의 밑그림과 모든 계획이 구상되는 프리콘(Pre-con)단계, 즉 시공 이전단계에서의 상호 협력과 탄탄한 기획력이 프로젝트의 성공을 담보하는 열쇠가 되고 있습니다. 하지만 국내에서는 프리콘 활동의 중요성에 대한 인식이나 개념이 잘 정립되어 있지 않을 뿐만 아니라, 그 중요성이 간과되어 시공 단계에만 집중하려는 경향이 있습니다. 설계 단계에서 해야 할 결정을 미룬 채 일단 공사에 착수해서 뒤늦게 의사결정을 하거나 중요한 변경을 시도해서 시간과 비용에서 큰 손실이 발생하는 경우가 비일비재합니다.

제가 올해 6월에 발간한 『프리콘 : 시작부터 완벽에 다가서는 일』에서는 건설 프로젝트에서 프리콘 활동이 갖는 중요성을 강조하고, 성공적인 프리콘 활동을 위해 요구되는 핵심 성공 요인들을 제안하며, 시공 이전 활동을 통해 얻을 수 있는 성과에 대해 소개했습니다.

프리콘 활동은 시공의 명확한 방향과 길을 제시하고 시공을 하는 동안 지켜야 할 규칙과 관리 포인트라 할 수 있는, 제대로 완성된 도면과 시방서를 만드는 작업을 합니다. 시공이 하드웨어라고 한다면 프리콘 활동의 주 대상이 되는 설계 도면, 시방서, 원가 계획, 공정 계획, 품질 계획 등은 소프트웨어 프로그램이라고 할 수 있습니다.

프리콘 활동은 수행 주체나 계약 방식에 따라 몇 가지 유형으로 분류할 수 있습니다. 발주자나 발주자의 대리인인 프로젝트 관리자(PM)나 건설사업관리자(CM)가 프리콘 활동을 주도하거나 발주자 내부조직이 담당하는 경우가 일반적입니다. 아울러 건설업체가 자체적으로 시공 준비를 위한 제반 활동, 즉 설계 도면 검토, VE 활동과 원가, 공정 등을 사전 검토하는 활동을 수행하는 도급자로서의 시공 사전 준비활동 또한 프리콘의 한 유형이라고 할 수 있습니다. 이 책에서 제시하는 IPD나 파트너링과 같은 조달 방식은 시공자 등 건설의 관여자들이 조기 참여함으로써 프리콘 활동의 기회를 제공하고 설계와 시공의 통합(Integration)을 도모하는 방식입니다.

IPD(Integrated Project Delivery) 방식은 주로 미국에서 발전한 계약 방식으로, 발주자, 설계자,시공자, 컨설턴트가 하나의 팀으로 구성되어 건설사업을 하나의 프로세스로 통합하고, 모든 참여자가 책임 및 성과를 공동으로 나누는 발주 방식입니다. IPD는 설계와 시공의 통합이 핵심이며, 프로젝트의 원가, 일정, 품질 목표를 초기부터 체계적으로 관리하며 발주자, 설계 및 시공자, 전문건설업체를 포함한 프로젝트의 주요 관계자가 초기부터 참여합니다. 그 결과 설계의 주요 의사결정을 앞당길 수 있으므로, 조기에 설계가 완료되어 프로젝트 전체의 공기단축에 기여할 수 있습니다. 아울러 설계 시공 동시 진행 방식인 Fast Track을 도입할 수 있어 사업기간을 획기적으로 단축할 수 있습니다.

IPD계약에서는 프로젝트의 참여자들이 기존의 갈등 구조가 아닌 프로젝트의 성공이라는 공통의 목표를 향해 협업하는 구조를 만들고 있습니다. 즉, IPD에서 이해관계자의 성공은 프로젝트의 성공에 연동되므로 프로젝트 초기부터 조기에 참여하여 공동운명체로서 발주자의 목표를 달성하기 위해 팀워크를 발휘하게 됩니다. 프리콘은 결국 IPD와 같은 계약 방식을 통해 완성도 높게 구현될 수 있습니다.

IPD는 발주자뿐 아니라 설계자, 시공자 모두에게 이점을 갖고 있습니다. 발주자는 IPD를 통해 사업기간 단축과 사업비 절감 등 프로젝트 목표를 달성하여 만족스러운 결과를 얻을 수 있습니다. 설계자는 설계 의사결정을 조기에 할 수 있고, 설계도가 사전 검토되므로 설계 품질을 크게 개선할 수 있는 장점이 있으며, 도면의 이중 작업을 방지할 수 있습니다. 시공자 역시 설계 초기 단계부터 공법과 원가, 일정 등을 검토하기 때문에 프로젝트 리스크를 획기적으로 줄일 수 있는 장점이 있어 건설 프로젝트 참여자들이 윈윈할 수 있는 프로젝트 수행 전략이라고 말할 수 있습니다. 그리고 목표 사업비가 절약되면 참여 주체 모두가 인센티브를 받을 수 있습니다.

IPD는 본고장인 미국에서도 비교적 최근에 그 개념이나 방법론이 정리되었으나 영국 등에서는 파트너링(Partnering)이란 방식으로 20여 년 전부터 시행되어 많은 효과를 보고 있습니다. IPD의 많은 장점에도 불구하고 아직까지는 한국 건설산업의 참여자들, 특히 발주자들에게는 잘 알려지지 않은 것이 사실입니다. 이 책을 통해 한국 건설산업에서 IPD가 하나의 혁신적 발주체계로 자리잡을 수 있는 계기가 되어 건설산업의 생산성을 높이는데 기여할 수 있기를 진심으로 희망합니다.

끝으로, 본 책자가 발간될 수 있도록 모든 노력을 아끼지 않으신 정형석 교수님 이하 연구진과 이 책자의 발간을 위해 도움을 주신 모든 분들께 깊은 감사의 말씀을 전합니다.

2020년 11월

한미글로벌 회장 김종훈

추천사

발주방식 다양화는 건설사업관리 분야의 이론 및 실무에 있어 가장 핵심적인 주제로서 국내외를 막론하고 활발한 논의가 오랫동안 이루어지고 있습니다. 발주방식을 다양화하고 고도화하는 기본 목표는 무엇보다도 건설사업의 성과의 향상(품질, 비용, 기간, 가치)에 있습니다.

이러한 관점에서, 1990년대부터 활발히 이루어진 발주방식 연구는 초기의 정성적 논의에서 시작하여 이후 보다 정량적인 연구의 대상 및 심도가 깊어졌습니다. 대표적으로, 90년대 말 수행된 한 연구는 수 백 개 사업의 발주자 자료를 분석하여 발주방식별 사업성과를 과학적으로 검증한 잘 알려진 사례입니다. 이후, 5년 여 후에는 Design-Build-Maintain(DBM)을 포함한 성과분석이, 그리고 다시 5년 여 후에는 IPD 성과를 함께 분석한 연구들이 소개되어 많은 관심을 받게 됩니다. 최근에는 첨단 기술이 접목된 발주방식 평가와 선정을 위한 다양한 방법들이 꾸준히 개발되고 있습니다.

잘 알려진 바와 같이, IPD를 포함한 대안 발주방식의 특성 중 하나는 프로젝트 초기단계부터 모든 주요 참여자들이 공동의 목표달성을 위해 협력할 수 있는 통합적 체계를 구축하는데 있습니다. 국내외 많은 사례에서 이러한 노력들이 이루어지고 있음은 매우 반가운 일이며, 이 책에서는 IPD의 이론적인 배경에 대한 설명과 더불어, 해외 프로젝트 적용 사례소개를 통해, IPD 방식의 효과와 가치에 대한 내용을 소개하고 있습니다.

이와 같이 활발한 과학적 조사 및 연구에 더하여, 실무적 의미와 사례를 함께 정리하고 공유하는 것 또한 매우 중요한 일이라고 생각합니다. 따라서 이 책에서는 실무자 및 연구자 모두에게 보다 정성적이며 실용적인 참고자료로 활용될 수 있습니다. 특히 산업에서의 귀중한 경험이 실무 중심서적으로 기록되는 것은 매우 뜻깊은 일입니다. 아무쪼록, 보다 더 많은 분들이 적극적으로 참여하여 우리 건설사업관리분야에서의 산업차원 지식축적과 공유가 활발히 이루어지기를 기대합니다.

2020년 11월

(사)한국건설관리학회

회장 정영수

서문

건설 산업은 지난 수십 년간 우리나라의 눈부신 경제 발전을 이끌어온 가장 중요한 기간 산업이었고, 앞으로도 지속적으로 중추적인 역할이 기대되는 산업이다. 대규모 해외 건설, 주택 건설, 발전, 도로, 항만 등 사회 기반 시설(SOC) 건설, 신도시 개발 등 다양한 건설 사업의 수행은 참여사들에게 경제적 풍요로움을 가져다줌과 동시에 타 산업의 발전을 견인해왔다. 이를 통해 우리 건설 산업은 양적, 질적으로 지속적으로 성장 발전을 이루어왔다.

현재 우리 건설 산업은 주요한 변곡점을 지나고 있다. 급속한 경제 발전을 겪으면서 국민들의 경제적, 문화적 욕구는 점점 더 다양해지고 건설 산업 참여 회사들의 기술적 진보가 이에 맞물리면서, 이전에 있던 단순하고 반복적인 형태의 시설물들에서 벗어나 창조적인 공간 활용과 복합적 기능이 제공되는 복잡하고 대형화된 시설물에 대한 수요 증가로 이어지고 있다. 이에 반해 건설 발주 방식은 기존의 설계-시공 분리 최저가 입찰 방식의 단순하고 반복적인 프로젝트에 최적화된 방식에서 크게 벗어나지 못하고 있다.

건설 선진국들은 이미 20여 년 전부터 이러한 건설 시장의 트렌드 변화를 인지하고 이에 발맞추어 선진화된 다양한 발주 방식을 연구함과 동시에 건설 프로젝트에 적극적으로 적용함으로써, 고객 요구 충족을 극대화하는 방향으로 진화해왔다. 한국의 건설 프로젝트 발주 방식 개선은 더 늦기 전에 반드시 건설 시장 전체에 공론화되어야 할 가장 큰 이슈 중의 하나이며, 미래 건설 산업의 지속 가능한 발전과 경쟁력 제고 차원에서도 적극적으로 추진되어야 한다.

이 책에서는 우리가 직면한 이러한 문제점을 해결하고, 지속 가능한 건설 산업에 한 발짝 더 다가서기 위한 진화의 방향으로 IPD(Integrated Project Delivery)를 소개하고자 한다. IPD는 건설 프로젝트의 계획-설계-시공 과정에서 모든 주요 참여자들을 조기에 참여시켜 하나의 융합된 팀으로 프로젝트를 운영하는 방식으로, 협력(Collaboration)과 통합(Integration)을 기본 철학으로 하는 프로젝트 발주 방식이다. 이를 통해, 다양성과 복잡성을 더해가는 발주자의 의도와 비용, 공기, 품질 등의 목표를 최적으로 실현해내는 선진 발주 방식이라 할 수 있다.

이 책은 총 다섯 개의 장으로 구성되어 있으며, IPD의 본고장인 미국 내 다수의 실제 사례 및 연구, 그리고 미국에 머물고 있는 저자의 경험과 경력을 바탕으로 쓰여졌다. 1장은 우리나라 건설 시장에 아직은 생소한 개념인 IPD에 대해 알아가는 장으로, 독자들의 이해를 돕기 위해 IPD의 필요성과 배경, 목적에 대하여 쉽게 풀어내었다. 2장은 IPD에 대해 필수적으로 이해할 필요가 있는 기본적인 주제와 심화된 내용을 모두 포함하였다. 3장에서는 호주와 영국에서 발전된 IPD와 비슷한 형태의 발주 방식인 얼라이언싱(Alliancing)과 파트너링(Partnering)을 소개하였다. 이를 통해 IPD가 미국에만 국한된 현상이 아니고, 타 건설 선진국들에서도 유사한 고민을 거쳐 프로젝트 발주 방식의 진화가 이루어져 왔으며, 프로젝트의 특성 혹은 국가의 특성에 맞춰 유연하게 IPD를 적용하는 것이 가능하다는 점을 독자들에게 보여주고자 하였다. 4장에서는 IPD를 채택함으로써 얻을 수 있는 이점을 미국에서 수행된 연구 결과를 인용하여 설명하였으며, 소규모에서 대규모 프로젝트까지, 업무시설부터 플랜트까지 대표적인 IPD 수행 사례를 들어 IPD의 활용성과 긍정적인 효과를 보여주고자 하였다. 마지막으로 5장에서는 이 책을 마무리하며 우리나라의 IPD가 나아가야 할 방향과, 저자가 프로젝트 참여자들에게 전달하고 싶은 메시지를 담았다.

이 책은 국내에서 최초로 출간하는 IPD 입문 서적으로, 학술적인 용도뿐만 아니라 실제 건설 프로젝트의 참여자들이 활용할 수 있는 전문적인 지식을 담은 지침서로도 사용되는 것을 목표로 삼았다. 책의 내용은 미국의 건설 프로젝트들을 기준으로 하였으며, 독자 입장에서 각자 프로젝트 특성에 맞게, 또 국내 상황에 맞게 IPD의 여러 도구들을 적절히 또 현명하게 사용하는 지혜가 필요하다 하겠다. 이 책에서 제시된 IPD의 개념과 특성, 도구 등이 새로운 문화로 정착하여 우리나라 건설 산업의 발전에 조금이나마 기여하기를 바라며, 나아가 건설 산업의 새로운 가능성에 대한 지평이 열리기를 기대한다.

마지막으로, 이 책이 나오기까지 수차례의 세세한 검토와 여러 좋은 아이디어를 주신 한미글로벌의 김종훈 회장님, 박상혁 상무님, 김경태 이사님, 그리고 이정아 님께 감사를 드리며, 또, 자료수집과 정리에 큰 도움을 준 Texas A&M 대학교의 김수련 박사과정 학생에게도 감사의 마음을 전하고 싶다.

2020년 11월

Texas A&M University
College Station, Texas, U.S.A.
정형석 교수

목차

권두언

추천사

서문

1장. IPD 발주 방식 알아보기 01

현명한 발주자, 프로젝트의 성공을 기약한다 02

우린 운명 공동체 05

건설 산업, 협력과 공생으로 진화한다 07

협력과 공생의 프로젝트 발주 방식, IPD 14

2장. IPD 발주 방식 파헤치기 19

IPD의 탄생 20

IPD 알아보기 26

IPD의 9가지 원리: 협력과 통합 29

IPD용 프로젝트 관리 도구들 38

IPD용 표준 계약서의 종류 68

3장. 호주와 영국의 IPD 알아보기 75

호주의 IPD, 얼라이언싱 76

영국의 IPD, 파트너링 85

얼라이언싱, 파트너링 그리고 IPD 94

4장. IPD 발주 방식 살펴보기 **101**

IPD 발주 방식의 성과 102

IPD에 '적합한' 참여자와 프로젝트는? 110

IPD 대표 수행 사례 126

5장. IPD 발주 방식 내다보기 **173**

과거: 한국 건설업계, 혁신이 필요하다 174

현재: 똑똑한 발주자는 IPD - 시작이 반이다 176

미래: IPD의 성공적인 정착과 진화하는 건설 생태계를 구축하자 179

참고 문헌 183

주 189

찾아보기 193

IPD 발주방식 알아보기

- 현명한 발주자,
  프로젝트의 성공을 기약한다
- 우린 운명공동체
- 건설 산업,
  협력과 공생으로 진화한다
- 협력과 공생의
  프로젝트 발주 방식, IPD

현명한 발주자, 프로젝트의 성공을 기약한다

'4차 산업혁명'이란 키워드가 전 세계 산업계를 강타하고 있다. 이전에 경험해 보지 못한 속도로 다양한 기술적 혁신이 쏟아져 나오고, 이런 혁신 기술을 활용해 시장에서의 경쟁력을 높이거나 기회를 선점하기 위해 각 나라와 산업계가 각축을 벌이고 있는 대전환기가 펼쳐지고 있는 것이다. 전통적으로 혁신에 뒤쳐져 있다고 인식되는 건설 분야도 예외는 아니어서, 지난 10년간 우리는 건설업계에서 불기 시작한 다양한 기술적 변화를 직접 목격하고, 습득하고, 또 적응하느라 바쁜 시간을 보냈다. BIM(Building Information Modeling), 모듈화 공법(Modularization), 라이다(LiDAR)[i], 포인트 클라우드(Point Cloud)[ii], 드론 등의 혁신 기술은 앞으로도 지속적으로 건설 생산성과 효율성을 향상시키고, 건설업의 중심축을 정보 기술에 기반한 산업으로 더욱 이동시킬 것이다.

'나무는 보되 숲은 보지 못한다(You can't see the forest for the trees)'라는 서양 격언이 있다. 이는 변화하는 상황에서 상세한 디테일에만 매몰될 경우 정작 큰 그림, 큰 패러다임의 변화를 놓쳐버리는 큰 실수를 저지를 수 있다는 의미다. 예를 들어 BIM, 모듈화 공법, AWP[iii] 등은 현재 건설

---

i Light Detection And Raging. 레이저 펄스를 이용해 지표면상의 공간 특성과 반사도를 측정하여 3차원 공간 정보를 취득하는 기술

ii 무수히 많은 점으로 이루어진 데이터 형식으로, 각 점의 좌표 정보 등을 포함하며, LiDAR 등을 통해 수집된다.

iii 시공 단계의 현장 작업 계획을 시공전 단계부터 체계적으로 작성하여 현장 생산성과 건설관리 효율성을 높이는 시공 계획 기법

프로젝트의 설계, 시공 과정의 효율성을 크게 향상시키는 개별 도구들로 이해되고 적극적으로 전파되고 있다. 더불어 이러한 기술들은 본질적으로 프로젝트 내 정보의 흐름을 용이하게 하는 매개체 역할을 해왔으며, 설계와 시공, 발주자와 건설 관련 회사들 간 울타리를 허물어 새로운 형태의 관계를 형성할 수 있도록 돕는 커다란 잠재력을 갖고 있다. 즉 이러한 기술을 단순히 건설 프로젝트의 부분적 효율성을 증가시키는 기술이라는 점에만 치중해서 보기보다는 새로운 형태의 관계를 형성할 수 있도록 하는 도구로 여기는, 더 큰 시야에서 패러다임의 변화를 놓치면 안 된다.

다양한 설계 및 시공 기술이 진화함에 따라 복잡하고 대형화된 시설물들의 구현이 가능해지면서, 많은 건설인들이 이전에는 경험해보지 못했던 독특한 프로젝트에 참여하는 경우가 급속도로 늘고 있다. 또한 시민들의 다양해진 사회적, 경제적, 문화적 욕구는 이런 트렌드 변화를 가속화하고 있다. 창조적 공간 활용을 위한 설계와 복합 기능 시설물, 대형 시설물 그리고 새로운 설계 및 시공 기술은, 기존의 반복적이고 평면적인 단일 기능 시설물 대비 프로젝트 비용, 공기, 품질 관리 면에서 리스크가 훨씬 크기 때문에 효과와 효율성을 높일 수 있는 혁신적인 방법을 추구하기 마련이다. 이러한 변화는 앞서 언급된 기술들, 즉 BIM, 모듈화 공법, AWP, 드론 등의 기술을 혁신적 프로젝트에서 쉽게 찾아볼 수 있는 이유이기도 하다.

갈수록 다양해져가는 발주자들의 요구 사항에 부응하는 한편, 건설 프로젝트에 적용되기 시작한 선진 기술을 자연스럽게 수용하고 그 효용성을 극대화할 수 있는 발주 방식으로, 미국, 유럽, 호주 등의 건설 시장에서 IPD(Integrated Project Delivery)라는 새로운 발주 방식이 성공적으로 자리잡고 있다. 이 새로운 발주 방식은 발주자, 설계자, 시공자의 경계를 허무는 동시에, 협업과 통합을 기본 철학으로 삼아 발주자에게 최고의 가치를 전달한다는 목적을 달성하고 있다. 최근 건설업계에서 각광 받고 있는 선진 기술들 대부분이 추구하는 근본적 목표가 설계와 시공의 통합, 그리고 경계 없는 정보의 공유를 통한 혁신이라 정의할 때, IPD는 이 기술들의 잠재적 능력을 최대화하여 프로젝트 성공을 담보하는 최상, 최고의 발주방식으로 평가 받고 있다.

한국 건설 시장에서는 여전히 경쟁에 기반한 최저가 입찰의 전통적 발주 방식인 설계 시공 분리 발주(DBB, Design-Bid-Build) 방식이 가장 일반적이다. 미국에서는 2015년을 기점으로 DBB 방식이 전체 건설 프로젝트 발주의 50% 미만 수준으로 떨어졌다. 똑똑한 발주자들이 최저가 경쟁 입찰의 폐해를 인지해왔고, 그 반동으로 다양한 대안 발주 방식들(Alternative Delivery Methods)을 시도해왔으며, 이제는 이러한 대안 발주 방식이 전체 건설 프로젝트 발주의 50% 이상을 차지하고 있는 실정이다. IPD는 이들 대안 발주 방식 중 가장 앞선 선진 발주 방식으로 각광 받고 있다.

지난 20년간 최저가 경쟁 입찰의 폐해를 극복하는 대안으로 건설사업관리(CM, Construction Management) 발주 방식이 뿌리내리도록 정부, 학계, 업계 모두가 부단한 노력을 해왔으나, 아직까지도 안정적으로 정착되지는 못했다는 아쉬움이 건설업계의 일반적인 인식이다. 건설 선진국들을 중심으로 빠르게 전파되고 있는 IPD는 스마트한 발주자라면 거부하기 어려운 새로운 발주 방식이다. 분업과 개개인의 전문성을 강조하던 3차 산업혁명 시대에서 융합과 소통, 공유가 중시되는 4차 산업혁명 시대로의 전환점에서, IPD가 우리 건설 산업에 적극적으로 소개되고, 특히 발주자들이 IPD의 가치를 알아보고, 우리 건설 산업의 혁신을 주도하는 촉매의 주체가 되어주기를 기대한다.

우린 운명공동체

2011년 미국 오하이오(Ohio)주의 병원 증축 프로젝트에서 기존 계약과는 다른 특이한 조항이 포함된 계약서가 체결되었다. 발주자, 설계사, 시공사가 계약상 하나로 묶이고, 모든 주요 참여자들이 프로젝트의 초기부터 참여하여 서로 협력적인 관계를 유지한다는 내용이었다. 설계 단계에서는 설계사들끼리 같은 공간을 공유하며 협업의 기회를 높였고, 시공 단계에서는 시공사와 협력업체들 또한 협업과 자유로운 정보 교환을 할 수 있게 하였다. 결과적으로 초기에 설정한 목표 비용인 1억 7천 5백만 달러에서 약 9백만 달러를 절감하였고, 프로젝트 진행 중 약 8백만 달러의 추가 업무 범위를 수행하였음에도 불구하고 사실상 초기 목표 비용의 약 10%에 해당하는 1천 7백만 달러의 비용을 절감하는 놀라운 성과를 달성하였다. 프로젝트 참여자들은 과거의 발주 방식이 아닌 새로운 방법을 적용했기 때문에 이러한 성과 달성이 가능했다고 말하며, 다음 프로젝트에도 이 발주 방식의 채택을 긍정적으로 검토하겠다는 반응을 보였다. 어떤 방식이길래 공사 비용, 공기, 품질 측면에서 놀라운 성과를 달성하고, 프로젝트 참여자들에게 이같은 만족감을 가져다준 것일까? 바로 이 프로젝트에 채택된 발주 방식이 관계 기반 프로젝트 발주 방식의 일종인 IPD다.

IPD는 계획-설계-시공에 참여하는 모든 참여자를 프로젝트 초기에 통합하여 하나의 융합된 팀으로 프로젝트를 운용하는 방식이며, 설계와 시공의 통합과 건설 관리 전문가의 참여가 프로젝트 전반의 효율을 높이고 프로젝트의 가치를 향상하는 데 훨씬 효과적인 기여를 할 수 있도록 설계되어 있다.

IPD는 위험 전가(Risk Transfer)가 아닌 위험 공유(Risk Sharing)에 철학적인 기반을 두고 있다. 이는 기존의 프로젝트 발주 및 조달 방식에 익숙한 발주자들에게는 아주 생소한 개념이며, IPD 기반 프로젝트 발주나 조달에 강한 반감 혹은 두려움을 갖게 만드는 요소이기도 하다. 하지만 다수의 프로젝트 관리 경험을 가진 전문가라면 발주자든 건설사든 모두 프로젝트 위험 요소 전체를 구체화하여 비용을 명시하여 계약하는 것은 불가능하다는 점을 인식하고 있을 것이다.

위험 공유/이익 공유(Risk Sharing and Profit Sharing)라는 강력한 공통 분모 하에서, 각기 다른 역할을 가지고 프로젝트에 참여하는 발주자, 설계사, 시공사/전문건설업자, 또는 사업 관리자/프로젝트 관리자들에게 결국 필요한 것은 강한 상호 신뢰이다. 상호 신뢰도가 높았을 때 DB[iv], DBB[v], CM at Risk[vi] 등 기존 프로젝트 발주 방식을 적용하더라도 모두가 만족스럽게 프로젝트가 완료되는 경우가 많았다는 현장의 목소리가 이를 뒷받침하고 있다. 프로젝트 참여자들 간에 기본적인 상호 신뢰가 쌓여 있을 때에만 생소한 위험 공유/이익 공유라는 형태의 계약 요구 사항에 서명할 수 있기 때문이다. 상호 신뢰도를 높이고, 수평적 의사 결정과 자유로운 정보, 지식, 경험의 공유를 통해 최적화된 해결책들을 찾아나갈 수 있도록 여러 장치들을 고안해 만들어낸 프로젝트 발주 방식이 바로 IPD인 것이다.

많은 IPD 프로젝트에서 적극적으로 아이디어를 생산하고 공유하며, '우리는 운명 공동체(We All Win or We All Lose)'라는 공동체 정신을 높이고, 서로 신뢰하는 환경을 공고히 하기 위해 노력하고 있다. 건설 프로젝트의 복잡성과 난이도는 점점 높아져 가고 발주자들의 요구 사항은 더욱 다양해져, 모든 프로젝트 참여자들의 신뢰에 기반한 협동의 필요성이 강조되는 현재, IPD는 이러한 도전을 성공적으로 이끌 수 있는 하나의 핵심 전략이라 하겠다.

---

iv DB란 Design-Build의 약자로 설계시공 일괄 발주를 의미한다

v DBB는 Design-Bid-Build의 약자로 설계 시공 분리 발주를 의미한다.

vi CM at Risk는 시공 책임형 건설사업관리를 의미한다.

건설 산업,
협력과 공생으로 진화한다

건설 산업은 고도의 분업화를 통해 지속적으로 각 단계별 효율성을 극대화해왔다. 발주자의 요구에 따라 건설 프로젝트는 점차 다양해졌고 그 규모와 복잡성은 더욱 커졌다. 이같은 변화의 과정에서 수많은 프로젝트 경험을 통해 밝혀진 사실은, 부분적인 효율 극대화가 실제로는 전체 프로젝트의 효율성이나 가치를 떨어트리고, 특히 발주자의 궁극적 이익을 해친다는 점이다.

DBB로 대표되는 설계-시공 분리의 전통적 프로젝트 발주 방식이 갖는 가장 큰 특징은 최저가 입찰 방식을 통한 시공사 선정에 있는데, 단순 반복형 프로젝트에 적용되는 경우 그 목적 달성에 도움이 될 수 있지만, 나날이 복잡해져가고 대형화되는 현재의 건설 프로젝트에서는 오히려 수많은 계약 변경 등을 초래하고 공기 연장과 공사비 증가로 이어짐으로써, 오히려 발주자에게 막대한 손해를 입혀 원래의 취지를 전혀 살리지 못한다는 공감대 또한 커지고 있는 게 현실이다.

결국 "대형화되고 복잡성이 더해지는 건설 프로젝트에 있어서, 어떤 발주 방식이 발주자의 이익을 최대화하고 발주자를 만족시킬 수 있는가?"라는 본질적 질문에 답을 찾아가는 과정에서 IPD가 탄생하였으며, 지금도 지속적으로 진화하고 있는 중이라고 볼 수 있다.

[그림 1.1]은 프로젝트 관리의 가장 기본적인 원리 중 하나인 비용 영향 곡선(Cost Influence Curve)으로, 프로젝트의 비용 절감 기회가 가장 큰 시기가 프로젝트의 초기 계획 단계이며, 그에 수반되는 비용도 극히 낮다는 점을 보여준다. 하지만 프로젝트가 진행됨에 따라 프로젝트의 비용 절감 기회는 점점 낮아지는 반면, 그에 요구되는 비용은 매우 가파르

게 증가하게 되어, 프로젝트가 시공 단계로 접어들면 조그마한 변경에도 큰 비용을 지출해야 한다는 사실을 설명하고 있다. 따라서, 비용 영향 곡선은 프로젝트 초기 계획 단계의 활동과 의사 결정이 전체 프로젝트 결과(품질, 비용, 공사 기간 등)에 지대한 영향을 미친다는 점을 보여준다.

미국의 CII(Construction Industry Institute)에서 초기 계획(FEP, Front End Planning)이라고 부르는 이 단계의 비용은, 지난 20년간의 연구에 의하면 전체 프로젝트 비용의 2-5%에 불과하지만 이때 발주자가 원하는 결과물에 대해 연구와 설계·시공 계획이 성실히 수행된다면 투자 수익률(ROI, Return on Investment)이 300%에서 1,000%까지도 증가될 수 있으며, 공사비는 약 10% 절감, 공기는 평균 7% 절감, 그리고 계약 변경 건수는 5% 이하로 감소한다고 보고하고 있다.[1] 따라서 초기 계획 단계의 활동들은 발주자 입장에서 비용이 아닌 투자라는 관점으로 접근하는 것이 중요하다. 이 단계에서 쓸 수 있는 프로젝트 방법으로 프로젝트 정의 평가 지수(PDRI, Project Definition Rating Index) 등이 개발되고 산업계에서 적극적으로 활용되어 왔다. 하지만 초기 계획은 기존 프로젝트 발주 방식의 큰 틀을 바꾸는 개념은 아니며, 프로젝트 기획 단계의 적극적인 활동을

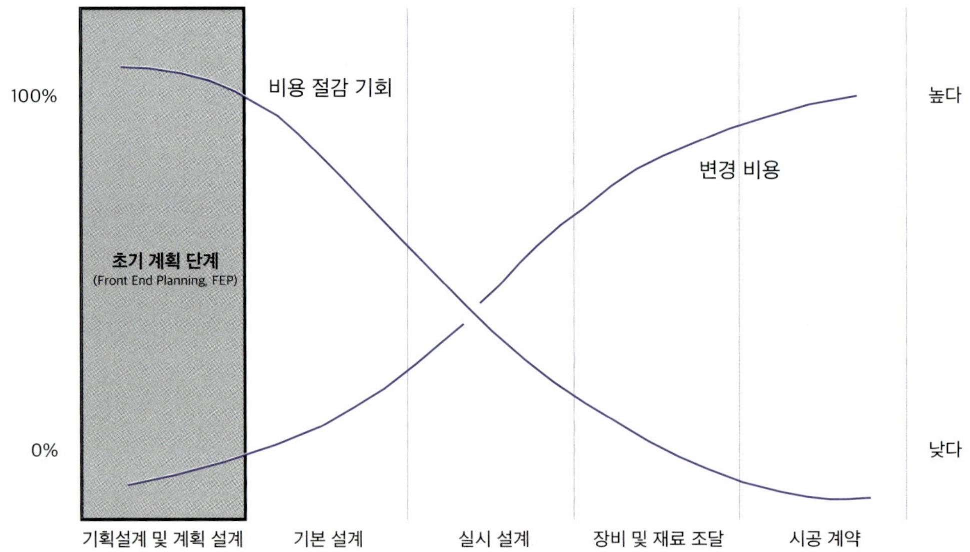

[그림 1.1] 비용 영향 곡선[2]

강조하는 개념이다.

IPD는 프로젝트 초기 계획 단계에서 얻을 수 있는 긍정적 효과를 가장 최대치로 끌어올릴 수 있는 발주 방식이다. 다시 말해 설계사, 시공사들을 가능한 이른 시점에 프로젝트에 참여시켜 그들의 지식과 경험을 최대한 반영하고 프로젝트의 목표 설정과, 설계 및 시공법 등을 고려하여 가장 합리적인 의사 결정을 내림으로써 후일 불가피한 설계 변경이나 계약 변경 등을 최소화하고, 한정된 자원 하에서 설계-시공이 발주자의 의도를 최대한 구현하게 하는 발주 방식이다. 따라서 IPD는 발주자에게 공사비와 공기의 불확실성을 줄이고 공사의 확실성을 최대한 끌어올려줄 수 있다는 점에서 프로젝트 관리의 목적 달성을 용이하게 한다고 할 수 있겠다.

[그림 1.2]는 발주 방식별 주요 설계사와 시공사들의 프로젝트 참여 시점을 비교하여 보여준다. 발주자는 전 단계에 걸쳐 참여하게 되므로 그림에서 제외시켰다. 그림에서 보듯이 IPD는 주요 프로젝트 참여자들의 조기 참여가 가장 두드러지는 발주 방식이다. DBB는 설계와 시공의 확연한 분리로 시공사들의 축적된 시공 경험을 계획과 설계에 기

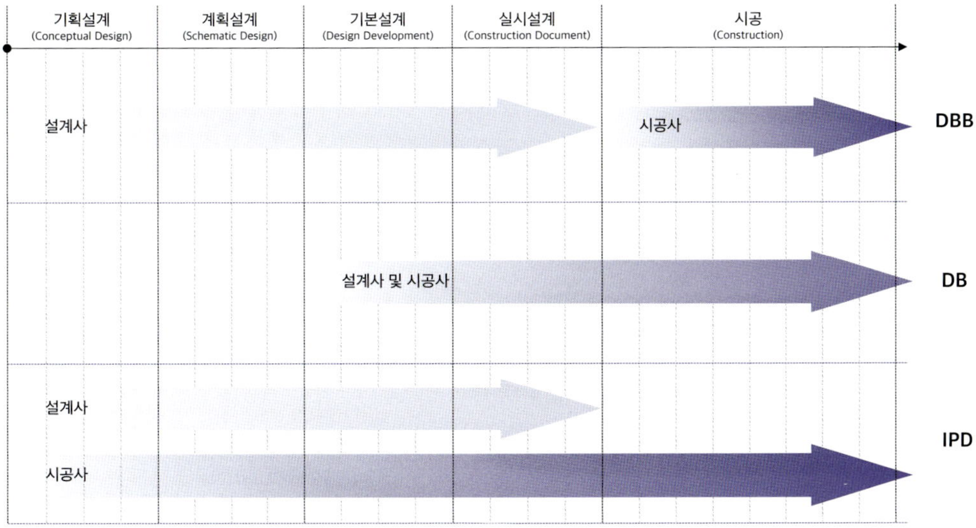

[그림 1.2] 발주 방식별 설계사와 시공사의 참여 시점

본적으로 반영하지 못한다는 구조적 단점이 있고, 이를 극복하기 위한 방안으로 사용되는 DB는 계획 설계가 이루어지고 난 후에 주로 경쟁 입찰 형태로 설계-시공 업체를 선정하다 보니 프로젝트 계획 및 기본 설계 당시에 실제 세부 설계와 시공을 맡을 업체의 경험과 노하우를 반영할 수 있는 가능성이 원천적으로 차단되어 있다.

[그림 1.3]은 [그림 1.2]가 주는 시사점을 바탕으로, 어떻게 IPD가 프로젝트의 비용과 시간을 줄일 수 있는지 개념적으로 보여주는 그래프이다. 이 그래프에서 3번 곡선은 현재 대부분의 프로젝트에서 일어나는 현상으로, 프로젝트 초창기와 설계 초기 단계의 저비용 고효과 기간을 놓치고, 설계 막바지에 가서야 급하게 설계를 완성하는 현재 관행을 보여준다. 막바지 단계에 급하게 의사 결정들이 일어나고 설계 완성을 해야 하므로, 비효율적 설계와 시공 계획이 발생할 확률이 높아진다. 2번 곡선은 IPD가 지향하는 방향으로 막바지 단계에서 설계를 몰아 하는 관행을 깨고, 많은 주요 의사 결정 시점을 앞당기고, 또한 시공사와 주요 시공 협력업체까지 참여시켜 설계와 시공 계획의 효율성을 극대화하고 선제적으로 위험과 문제점들에 대응함으로써, 궁극적으로 프로젝트 비용과 시간은 줄이고 품질은 높인다는 개념을 보여준다.

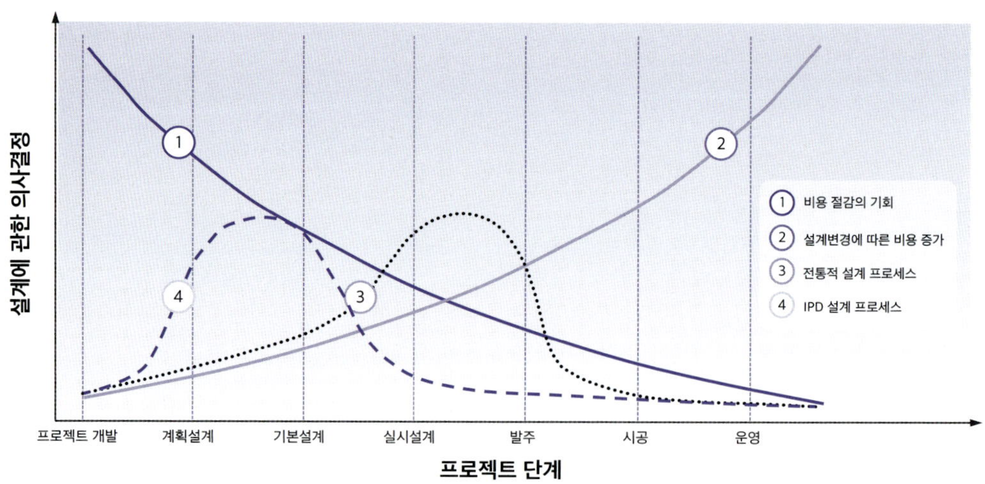

[그림 1.3] IPD 방식을 적용한 의사 결정 조기화에 따른 사업 기간 단축[3]

그러나 IPD는 기본적으로 주요 프로젝트 관계자들을 프로젝트 초기부터 참여시켜 공동으로 프로젝트를 정의하고 설계와 시공을 수행해 나가는 구조이다. 이는 초기 계획 단계의 효율성을 최대치로 끌어올릴 수 있는 방법이라 할 수 있다. 이러한 구조에서는 프로젝트 범위가 어느 정도 정해지고 난 후 시공업체들을 경쟁 입찰시켜 공사를 맡기는 기존 방법의 프로젝트 발주 및 관리 구조가 작동하지 않으며, 또한 모든 과정을 투명하게 공개하고 머리를 맞대어 문제를 해결하는 IPD의 기본 철학에 따라 서로 협업해야 하는 환경에 놓이게 된다. 협업을 통해 일을 진행하여 손해가 발생한다면 그 손해를 서로 분담하고, 창조적인 아이디어를 통해 이익이 창출된다면 서로 나눠 갖는 조건이 되어야, 비로소 프로젝트 참여자들이 적극적으로 활동할 수 있는 환경이 조성된다. 따라서 IPD 프로젝트에서는 자연스럽게 위험 공유/이익 공유가 가장 중요한 원칙으로 자리잡게 된다.

하지만 발주자가 IPD를 프로젝트 발주 방식으로 고려할 때, 아마 제일 먼저 고민하게 되는 문제점 중 하나가 '참여 업체들 간 경쟁이 없다 보면, 공사비와 공기를 과다하게 반영하지 않을까?' 하는 점일 것이다. DBB가 여전히 가장 인기 있는 발주 방식인 이유는, 발주자가 시공회사들의 경쟁 입찰을 통해 최저가 입찰자를 선택함으로써 최저 비용으로 공사를 진행시킬 수 있다는 정신적 안도감을 갖는 데에 있다. 하지만 복잡한 프로젝트에서 시공 지식이 부족한 탓에 비효율적인 설계가 되면서 과다한 시공비가 책정될 가능성, 또는 부실 설계로 인하여 시공 도중 설계가 변경되면서 상당한 추가 공사비가 발생할 가능성 등을 생각한다면 초기에 가졌던 정신적 안도감은 후일에 깊은 후회로 귀결될 가능성이 농후하다. 실제로 많은 대형 프로젝트에서 공기 연장과 공사비 증가는 아주 흔한, 또는 당연한 현실이 된 지 오래다. 벡텔(Bechtel)의 최고 경영자 브렌던 벡텔(Brendan Bechtel)이 2016년 CII 연례 컨퍼런스의 기조 연설에서, 1조 이상의 글로벌 대형 공사 중 98%가 평균적으로 80% 이상의 비용 초과를 보이고 있으며, 이를 타개하기 위해서는 건설업 전체가 협업과 상생의 새로운 패러다임을 창조해야 한다고 주장한 것은 이런 관점에서 의미가 깊다 하겠다.

실제로 신규 대형 프로젝트에서, 많은 투자자들은 건설업계의 현실을 정확히 꿰뚫어 보지 못하고 경쟁 및 최저가 입찰을 고집하는데, 이는 최저가 입찰이 주는 비현실적 환상에 빠져 있기 때문이다. 다시 말해서, 발주자는 경쟁을 통해 최저가 공사비를 확정할 수 있고, 이 비용이 공사비의 상한(Ceiling Amount)이라는 가정 하에 투자 수익률 분석을 진행할 수 있다고 믿기 때문이다. 하지만 수많은 사례에서 확인되듯이 최저가 입찰 방식은 공사비와 공기에 있어 상한, 즉 천장값이 아니라 반드시 발주자가 지불해야만 하는 하한, 즉 바닥값(Floor amount)에 가까우며, 공사비와 공기에 있어 발주자에게 확신을 줄 수 있는 발주 방식이 전혀 아니다. 거의 대부분 프로젝트에서 공사비가 각종 명분으로 상승한다. 특히 복잡성이 커져만 가고 있는 대형 프로젝트에서는 더더욱 그러하다.

IPD가 고비용 발주 방식이 아닐까 하는 발주자의 근본적 우려를 IPD는 다음과 같은 몇 가지 강력한 계약 조항과 장치들을 통해 해소한다.

첫째, 최근 10년간 미국 내에서 수행한 IPD 프로젝트의 성과에서 볼 수 있듯이, 공사비, 공기, 품질 등 주요 프로젝트 성과 지표에 대한 발주자들의 만족도가 아주 높다. 이는 IPD가 고비용이지 않을까라는 고민을 해소해 주는 실질적인 대답으로 볼 수 있다.

둘째, 위험 공유/이익 공유조항은 프로젝트 참여자들에게 강력한 동기 부여 기제로 작용하여 프로젝트 전체 비용을 줄이는 방향으로 끊임없이 작동한다. 발주자는 발주자 자체 혹은 외부 프로젝트 관리팀을 활용하여, 공사비 견적 시 자체 견적자 또는 제3자 독립 견적자(ICE, Independent Cost Estimator)를 통해 IPD팀의 견적 내용을 상세히 검토하고 조율할 수 있는 메커니즘을 사용할 수 있다.

셋째, 많은 IPD 프로젝트에서 적극적 아이디어 생산과 공유, '우리는 운명 공동체(We All Win or We All Lose)'로 대표되는 공동체 정신을 높이고, 서로 신뢰하는 환경을 공고히 하기 위해 상호 책임 면책(Liability Waiver) 항목을 계약서에 명기하기도 한다. 상호 책임 면책은 IPD 참여자들에게 생소한 항목으로, 현재 다수의 IPD 프로젝트에 적용되고 있지는 않다. 발주자는 발주자대로 설계사나 시공사는 그들 나름대로 면책 항목에 대해 강한 거부감을 가지고 있는 것이 현실이다. IPD 경험이 많지 않은 발주자들의 경우 또는 발주자와 참여 설계사와 시공사들 간에 강한 신뢰가 형성되지 못한 경우에는 이 면책 항목을 빼고 계약하는 경우가 아주 흔하고, 이는 순수 IPD(Pure IPD)와는 약간 다른 발주 방식으로 차이를 두어 구분하기 위해 IPD형(IPD-ish 혹은 IPD-Lite) 발주 방식 혹은 협업형 프로젝트 조달 방식(CPD, Collaborative Project Delivery)으로 불린다. 이는 2장에서 조금 더 상세히 다루도록 하겠다.

협력과 공생의 프로젝트 발주 방식, IPD

전통적 프로젝트 발주 방식인 설계 시공 분리 발주 방식(DBB)[vii]에서 설계 시공 일괄 발주 방식(DB)[viii]으로의 발전, 그리고 건설사업관리(CM)[ix]의 등장은 건설 프로젝트에 혁신을 가져왔다. 설계와 시공의 통합, 건설관리 전문가의 참여가 프로젝트의 효율성을 높이며, 프로젝트의 가치를 향상하는 데 훨씬 효과적인 기여를 하기 때문이다. 또한 북미, 호주, 영국 등에서는 최근 관계 기반 프로젝트 발주 방식이 채용되고 있는데, 이는 한층 더 진화한 방식으로 계획-설계-시공을 조기에 통합해 하나의 융합된 팀으로 프로젝트를 운영함으로써 뛰어난 성과를 자랑한다.

설계와 시공의 분리, 그리고 저가 입찰로 대표되는 DBB에서는 발주자와 설계사, 발주자와 시공사 등 계약 당사자들 간에 계약 변경 요인이 발생하는 경우 불가피하게 적대적인 입장이 될 수밖에 없는 환경이 조성된다. 이러한 계약 변경 요인이 아니더라도 자신이 속한 조직의 이익이 침해받는 상황이 예측되는 경우, 궁극적으로 프로젝트 전체에 이익이 되는 정보를 공유하는 것에 극히 소극적인 자세를 갖게 되는 구조이다. 예를 들어 DBB 프로젝트에 참여하고 있는 전문 시공 협력업체 A가 있다고 가정하고, A는 자신에게 할당된 공사에서 설계 변경을 통해

---

vii 설계 시공 분리 발주 방식(DBB, Design-Bid-Build):설계와 시공이 분리되어 수행되며, 실시설계가 완료된 후에 입찰 과정을 통해 시공자가 선정된다.

viii 설계 시공 일괄 발주 방식(DB, Design-Build): 설계와 시공 모두를 하나의 업체가 맡아 공사를 진행한다.

ix 건설사업관리(CM, Construction Management): 건설사업관리 주체가 발주자를 대신하여 건설 사업을 관리해주는 서비스이다.

프로젝트에 상당한 공사비 절감을 가져올 수 있는 아이디어를 갖고 있다. 프로젝트 전체적인 입장에서는 이 아이디어를 공유하는 것이 바람직하지만, A의 입장에서는 아이디어 공유에 대해 다시 한번 생각해보게 된다. 이 아이디어로 A의 업무가 늘어나거나, 이윤이 직접적으로 감소할 수 있기 때문이다. 이런 경우 A는 공사비 절감 아이디어를 발주자에게 공유하지 않을 것이다.

또한 DBB는 설계사와 시공사 간의 협력과 협업이 계약적으로 원천봉쇄되어 있는 구조이기 때문에, 설계 단계에서 시공사와의 협업은 거의 불가능하다. 설계의 확정이 공사에 참여할 시공사가 확정되기 이전에 이루어지다 보니, 시공사 입장에서는 현장에서 자신의 시공 경험이나 노하우가 전혀 반영되지 못한 설계 도면을 가지고 시공에 임해야 한다. 이때 발주자 또는 발주자를 대표하는 프로젝트 관리자는 설계도를 시공사에 전달하고 관리 감독하는 역할만을 수행하게 된다. 건설 공사에서 흔하게 일어나는 설계 및 계약 변경의 원인으로 설계자와 시공자의 분리 계약이 주로 거론된다. 계약의 구조상 시공성이 진지하게 고려되지 못한 설계와 설계의 의도를 충분히 반영하지 못하는 시공으로 이어질 가능성이 높기 때문이다.

이를 극복하는 방안으로, DB와 시공 책임형 CM(CM at Risk) 형태의 발주 방식이 적극적으로 활용된다. DB는 설계사와 시공사를 하나의 조직으로 묶어 공동운명체로 만듦으로써 설계와 시공의 의미 있는 협업을 확대시키고, 설계가 확정되자마자 선시공이 가능한 부분에 대해 바로 공사를 시작할 수 있도록 하여 공사 기간을 줄일 수 있는 형태로 발전한 프로젝트 발주 방식이다. CM at Risk는 DB처럼 설계사와 시공사가 하나의 조직이 되지는 않으나 시공을 책임지는 건설사업관리 업체가 설계 단계부터 깊이 관여함으로써 DBB의 가장 큰 취약점을 극복하고 시공성이 강력히 반영되는 설계를 가능케 하는 프로젝트 관리 방법이다.

DB와 CM at Risk 모두 DBB의 가장 큰 약점들을 보완하는 진보한 방식임은 틀림없다. 그러나 이 역시 계약 변경 요인들이 불가피하게 발생하거나 책임 소재 추궁 등의 문제가 발생할 경우, 여전히 프로젝트 참여자들이 적대적인 관계로 변할 수 있는 가능성을 갖고 있다. 이는 발주자의 입장에서 볼 때, DBB에 비해 계약의 숫자가 줄어들었을 뿐 여전히 거래적(Transactional)[x]계약 을 유지하기 때문이다. 다시 말해 발주자 입장에서는 DBB, DB, CM at Risk에 관계없이 원하는 건물(시설물)을 원하는 품질로 원하는 기간 안에 최적화된 비용으로 짓고자 하는 궁극적인 목적은 동일하며, 프로젝트의 설계와 시공 과정 중에 발생 가능한 모든 리스크를 거래적 계약을 통해 계약자에게 전가시키고자 하는 의도가 반영되어 있기 때문이다. 결국 위험 전가라는 본질적인 관점 하에서는, DBB, DB, CM at Risk 모두 같은 카테고리로 묶일 수 있다. 이 개념은 [그림1.4]에서 좀 더 시각적으로 설명하였다.

관계적(Relational) 계약의 원리를 적용한 발주 방식인 IPD가 앞서 언급한 프로젝트 발주 및 관리 방식과 근본적으로 다른 점은 바로 여기에 있는데, IPD는 위험 전가가 아닌 위험 공유라는 철학적 기반에서 출발한다는 점이다. 이는 기존의 프로젝트 발주 방식에 익숙한 발주자들에게는 아주 생소하며, IPD 기반 프로젝트 발주나 조달에 강한 반감이나 두려움을 갖게 하는 요소이기도 하다. 그렇지만 프로젝트 관리에 경험을 가진 전문가라면 발주자나 건설사 모두 프로젝트 위험 요소들을 결코 정량화하여 계약할 수 없다는 점을 알고 있을 것이다.

순수 IPD 프로젝트는, 발주자를 포함한 모든 프로젝트 참여자들을 하나의 계약으로 묶어 운명 공동체로 조직하고, 위험이나 이윤이 발생할 경우 이를 참여자 모두가 공평하게 공유하도록 하는 발주 방식이다. 따라서 기존 발주 방식에서 흔히 볼 수 있는 설계사나 시공사에 지엽적

---

x 거래적 계약(Transactional contract)과 관계적 계약(Relational contract) : 거래적 계약과 관계적 계약은 예일대학교 경영대학 교수였던 아지리스(Argyris, C)가 1960년에 제시한 심리적 계약의 개념으로부터 파생되어 산업심리학자인 루소(Rousseau, D. M.)가 1990년에 구체화시킨 개념이다. 거래적 계약은 경제적 이득이 계약 당사자들의 주요 관심사이다. 계약 당사자들은 상대방에 대해 최소한의 관심만을 보이며 상호 의무와 권리에 집중한다. 기존의 DB, DBB 등이 거래적 계약에 해당된다. 관계적 계약은 신뢰나 지원 등 인간관계 측면이 계약 당사자들의 주요 관심사이다. 계약자들은 자신의 의무를 이해하는 차원을 넘어 전체에게 도움이 되는 역할 외의 행동(Extra-role behavior)에 자발적으로 관여한다. IPD가 대표적인 관계적 계약이다.

으로 유리한 의사 결정 유도 과정이나 정보의 사유화가 일어나지 않게 되고, 궁극적으로 발주자와 프로젝트에 최적인 의사 결정과 정보의 공개와 공유, 그리고 보다 적극적인 협업을 가능하게 한다.

이와 같이 IPD는 협력과 공생을 기반으로 하는 발주 방식이다. 기존 프로젝트 발주 방식에서 흔히 보이던 프로젝트 참여자들 간의 줄다리기와 같은 관계를 계약적 조항과 상호 신뢰를 바탕으로 상쇄시키고 협업과 통합의 환경을 구축하는 것, 이것이 바로 IPD의 기본 철학이다.

따라서 [그림 1.4]에서 보듯이, IPD는 위험 전가냐 위험 공유냐라는 관점에서 기존의 프로젝트 조달 방식에 근본적 그리고 철학적 차이는 보여주고, 또한 이에 근거하여, 프로젝트 실패의 위험 요소를 인지하고 방지하기 위한, 가장 필요한 소프트 프로젝트 관리 능력인, 상호 소통, 협업, 업무 통합 등의 관점(Y축과 가운데 곡선)에서 볼 때, 가장 앞서 있는 조달 방식이다.

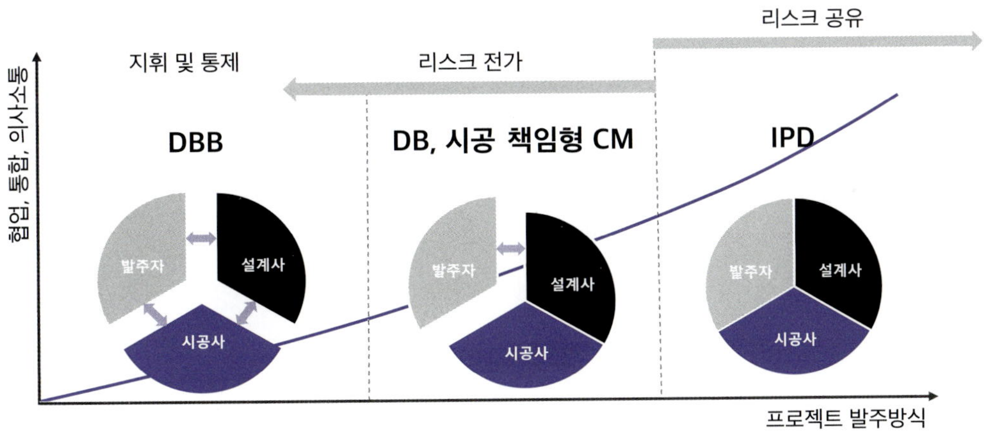

[그림 1.4] 프로젝트 발주 방식에 따른 협업, 통합, 의사소통의 진화도[4]

IPD 발주방식 파헤치기

- IPD의 탄생
- IPD 알아보기
- IPD의 9가지 원리: 협력과 통합
- IPD용 프로젝트 관리 도구들
- IPD용 표준 계약서의 종류

IPD의 탄생

2020년 현재 기준, IPD는 공식적으로 약 15년여의 짧은 역사를 가진 프로젝트 발주 방식이다. IPD를 하나의 상품으로 본다면 이는 미국에서 태동하고 현재 왕성하게 이용되고 있으며 국제적으로 뜨거운 관심을 모으면서 캐나다와 유럽 등 다른 건설 시장에도 서서히 전파되고 있는 상품이라고 할 수 있다. 미국 내에서도 아직까지는 상업 건물이나 병원 등 일부 분야에 한해 적극적으로 적용되고 있는 것이 현실이나, IPD를 경험해본 이들의 입소문과 사례 분석 결과들이 전파되면서 플랜트 공사 분야에도 빠르게 퍼져나가고 있다.

현재의 IPD는 초창기에 비해 사례 분석 결과와 다양한 프로젝트 관리 기법들의 적용으로 쓰임새가 더욱 풍부해졌다. 그러나 상호 신뢰를 바탕으로 조기에 주요 프로젝트 참여자들을 동시 참여시키고, 정보, 지식, 경험 공유를 통해 발주자에게 최고의 시설물을 제공하고자 한다는 IPD의 기본 가치는 변함이 없다.

IPD(Integrated Project Delivery)라는 명칭은 플로리다에 기반을 둔 전문시공 협력업체가 DB 프로젝트에 사용하기 시작하면서 알려졌는데, DB에 위험 공유/이익 공유 항목을 추가하면서, 본래 DB 발주 방식과의 차별화를 위해 IPD로 부르기 시작한 것에서 출발하였다. 이 회사의 경험들이 LCI(Lean Construction Institute)의 컨퍼런스를 통해 공유되기 시작하면서 본격적으로 건설업계에 IPD 개념이 알려지게 되었다. LCI는 캘리포니아 주립대 버클리 캠퍼스(University of California-Berkeley)의 산하 연구단체로, 이 단체가 위치한 북부 캘리포니아(Northern California) 지역 중심의 창의적인 시공사들과 발주자들 그리고 건설업계 법률 자문 회사들을 중심으로 자연스럽게 시작되었다.

IPD의 발전 과정을 살펴보면 짧은 역사 속에서도 서터 헬스(Sutter Health)라는 회사가 자주 등장한다. 서터 헬스는 북부 캘리포니아에 기반을 둔 의료 서비스 제공 회사인데, 지속적으로 증가하는 새로운 경쟁 병원의 등장과 높아지는 병원 리노베이션 공사 단가에 대한 부담 때문에 재정적인 어려움에 처해 있었다. 대략적으로 병원 건축 비용을 병상당 단가로 환산했을 때 150만 달러가 넘어가면 병원 운영에 어려움이 있다고 판단한다.[5] 기존의 발주 방식을 사용할 경우 병상당 단가가 2백만 달러를 넘게 되기 때문에 서터 헬스에 특단의 조치가 필요했고, 이에 대한 돌파구로서 IPD를 적극적으로 활용하게 되었다. IPD 사용을 통해 발주자의 실행 가능한 예산을 공개하고, 이에 맞춰서 병원을 설계하고 시공하였다. 적극적으로 IPD를 활용한 결과는 대성공으로 이어졌다. 병상당 150만 달러 이하의 예산으로 병원을 지을 수 있게 되면서 병원 운영의 어려움을 극복할 수 있었으며, 이후 서터 헬스는 IPD를 적극적으로 활용하게 되었다.

이같은 IPD 프로젝트의 성공 스토리는 IPD의 빠른 전파에 각별한 역할을 하였다. 또한 건설 전문 변호사 하워드 애쉬크래프트(Howard Ashcraft)로 대표되는 건설 전문 법률회사인 핸슨브리짓(Hanson Bridgett)[i]이 IPD 계약서를 최초로 개발하면서, IPD가 성공적으로 건설업계에 정착되는 데 크게 기여하였다.

IPD의 역사와 진화를 이야기할 때, 린 설계 및 시공(Lean Design and Construction)의 역할을 빼놓을 수 없다. 린 개념은 학계를 중심으로 국내에 소개되고 몇몇 대형 건설 회사들이 시험적으로 적용하여 왔으나, 여전히 국내 건설업계에는 생소한 개념이다. 린은 잘 알려져 있다시피 일본의 자동차 회사인 도요타에서 시작된 개념으로, 도요타가 자동차 산업 초창기에 세계의 자동차 산업 지배자였던 포드와 경쟁할 수 있는 생산 시스템을 만들어가는 과정에서 탄생하였다. 린 생산(Lean production)

---

i 캘리포니아 기반 법률 서비스 회사로서, 초창기 IPD 개념 형성에 크게 기여하고, IPD 전용 계약서의 원형을 만들었다.(http://www.hansonbridgett.com)

은 자동차 전 생산 과정에서 발생하는 여러 낭비 요소(물질, 시간, 프로세스 등 생산에 사용되는 모든 형태의 자원)들을 찾아내고 이들을 제거해나가는 지속적인 개선 프로세스이다. 이 개념은 카이센(Kaisen)으로 불리며 도요타의 회사 문화로 정착되었는데, 매일 작은 개선 작업을 통해 궁극적으로 낭비와 결함이 없는 제품 개발 및 생산을 하는 지속적인 활동을 일컫는다. 이를 위해 도요타는 다양한 프로세스 리엔지니어링(Process Reengineering) 기법들을 개발하고 성공적으로 적용하여 세계 1위의 자동차 생산 회사로 도약할 수 있게 되었다.

도요타 생산 시스템(Toyota Production System)의 장점들을 건설 프로젝트에 창의적으로 적용하는 것을 모토로, 1997년 LCI(Lean Construction Institute)가 세워지게 되었다. 지난 20년간 LCI를 중심으로 다양한 린 설계 및 시공 기법들이 개발되고 실제 프로젝트에 적용되어 왔으며, 그 장점들이 산업계에 전파되면서 린 설계 및 시공이 건설 산업 전반에 가장 혁신적인 변화로 인정받고 있다. 2005년 이후부터 건설 프로젝트에서는 LPD(Lean Project Delivery)라는 용어가 상당히 영향력 있게 쓰이기 시작했으며, 이는 린 설계 및 시공 방법을 적극적으로 받아들이고 사용하는 프로젝트 발주 방식을 통틀어 지칭하는 말이 되었다. LPD는 생산 관리를 기초로 하는 프로젝트 발주 방식으로, 설계부터 시공에 이르기까지 모든 프로세스별 낭비 요소[ii]를 사전에 제거해 인력과 장비 등의 투입 물량을 최소화하고 품질을 극대화하는 기법이라 할 수 있다. 린 접근법의 궁극적인 목적은 불필요하고 반복적인 작업을 없애 프로젝트 발주 전반에 있어 낭비를 최소화하는 것이다.

DBB처럼 전통적인 건설 프로젝트의 발주 방식은 프로젝트 내 프로세스별로 조각조각 나뉘어 계약되고 수행되기 때문에 각기 다른 계약자들(설계사 혹은 시공사) 간에 협력이나 협업이 최소화되는 결과로 이어진다. 이는 린 설계 및 시공의 관점에서 보았을 때, 가장 큰 낭비 요소로 지적된다. 정보의 재생산이나 불완전한 정보로 인한 수많은 정보 요청서(RFI, Request for Information) 발생, 불필요한 행정 처리 발생, 시공성 부족

---

ii 린 접근법에서 낭비의 정의: 과잉 생산, 대기, 불필요한 운송, 과도한 작업, 재고의 발생, 불필요한 움직임, 결함과 재작업, 근로자 개개인의 능력 무시, 환경과 에너지 낭비

이나 부실한 정보로 인한 계약 변경과 공사비 증가, 공기 연장의 근본적인 원인은, 미흡한 정보 공유와 부족한 협업 기회를 야기하는 프로젝트 발주 방식에 있다. 따라서 프로젝트 참여자들을 가능한 한 조기에 참여시키고 하나의 팀으로 묶어 협업하게 함으로써 각종 낭비 요소들을 빠른 시기에 찾아내고 해결하는 프로세스는, 기존 건설프로젝트 발주 방식의 문제점을 모두 해결할 수 있는 방법이자 실현 가능한 최적의 환경으로 볼 수 있다. 이를 린 커뮤니티에서는 LPD라고 지칭하는데, 이는 IPD가 추구하는 바와 유사하기 때문에 린 설계 및 시공과 IPD[iii]는 함께 성장해온 개념이며 미국 건설 생태계에서는 거의 동일시되고 있다.

이처럼 IPD는 미국 건설업계와 린 설계 및 시공 커뮤니티를 기반으로 탄생하고 성장한 개념인 반면에, [그림 2.1]에서 보듯이, 국제적으로는 IPD와 아주 유사한, 호주와 뉴질랜드의 '얼라이언싱(Alliancing)'과 영국의 '파트너링(Partnering)'이라는 프로젝트 발주 방식이 등장했다. 적용

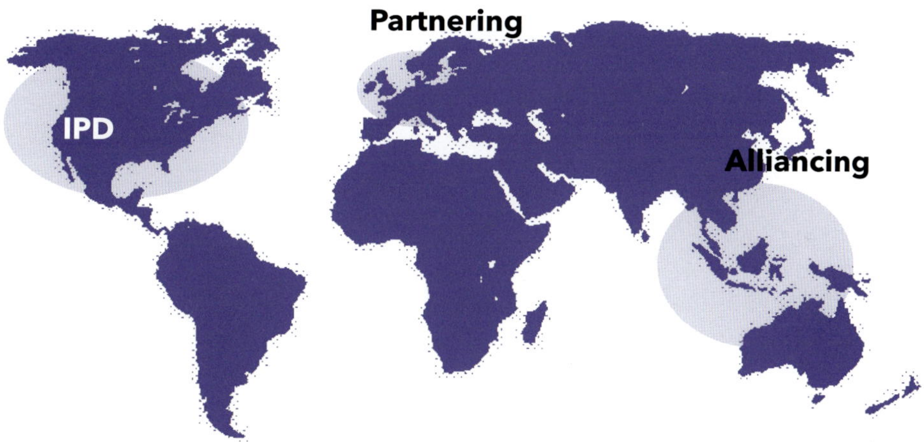

[그림 2.1] IPD와 얼라이언싱(Alliancing), 그리고 파트너링(Partnering)

---

iii IPD와 린 건설: 린(Lean)의 사전적 정의는 "군살이 없거나 적은", "많은 것을 쓰지 않는"이다. 린 건설은 이러한 뜻을 가진 린과 건설의 합성어로 건설 프로젝트 전 과정에서의 낭비를 제거하는 지속적인 프로세스이다. IPD는 린 설계 및 시공 커뮤니티를 바탕으로 탄생하고 성장했다. 린 건설과 IPD는 낭비 요소를 이른 시기에 찾아내고 해결한다는 동일한 목적을 갖는다. 서로 다른 개념이지만, 동반 성장해왔고, 많은 린 기법이 IPD에 적용되어오고 있기 때문에 거의 동일시되고 있다고 보아도 무방하다.

되어온 건설 섹터들은 서로 조금씩 다르지만, 상호 신뢰를 기반으로 프로젝트 목표 달성을 위해 프로젝트 참여자들을 조기에 참여시켜 의사결정의 효율성을 높이고 혁신적인 설계와 시공을 구현하고자 한다는 점에서 일맥상통한다.

얼라이언싱은 1990년대 중반에 영국 북해의 자원 탐사 프로젝트에 처음 적용된 후, 호주와 뉴질랜드에서 발주 방식으로 정교하게 다듬어지면서 공공 프로젝트를 포함한 여러 프로젝트에 매우 활발히 적용되어왔다. 특히 호주에서는 얼라이언싱이 위험도가 높고 복잡한 공공 프로젝트들에 가장 선호되는 발주 방식으로 자리 잡았다. 1997년 이후 호주에서 적용된 얼라이언싱 프로젝트들을 분석한 결과, 평균적으로 7%의 비용 절감과 5%의 공기 단축을 보였으며, 오직 한 건의 프로젝트만이 성공적이지 못했다는 보고가 있었다.[6] 얼라이언싱도 IPD와 마찬가지로 '프로젝트 중심 의사 결정(Best for Project)'[iv]이라는 모토를 바탕으로 프로젝트를 진행하며, 프로젝트 초기에 설계사, 시공사들을 참여시켜 협업을 하게 한다는 점에서 IPD와 거의 동일하다고 볼 수 있다. 호주의 얼라이언싱은 그 자체가 건설 계약법의 일환으로 아주 상세한 프로세스까지 만들어진 완성된 프로젝트 발주 및 계약 방식으로 발전되었다. 얼라이언싱과 IPD의 가장 큰 차이점을 들자면, IPD는 다양한 린 설계 및 시공 방법들을 포함하는 형태로 발전한 반면, 얼라이언싱은 지리적인 이유로 아직 린 설계 및 시공 방법들이 적극적으로 소개되고 활용되지 않았으며 계약 방식을 중심으로 팀 협업을 유도하고 구현하는 형태로 발전하였다는 점이다.

북미의 IPD, 호주의 얼라이언싱과 더불어 영국에서는 파트너링이라는 프로젝트 발주 방식을 발전시켰다. 파트너링은 1993년 영국의 정부와 건설업계, 발주자 등이 공동으로 참여하여 설립한 건설산업위원회(Construction Industry Board)에서 1994년에 발간한 「Constructing the Team」(또는 레이섬 보고서(Latham Report)」라고도 한다)을 통해 영국에 처음

---

iv 프로젝트에 참여하는 개인 당사자가 원하는 것보다 프로젝트를 조달 프로세스에 우선하여 프로젝트 편익을 극대화하기 위한 협력적 접근 방식을 의미한다.

도입되었다. 「Constructing the Team」에 따르면 파트너링은 프로젝트 참여자 간의 팀워크, 새로운 아이디어를 허용하는 열린 자세, 상호 신뢰가 바탕이 되어야 성공할 수 있으며, 파트너링을 도입함으로써 건설 프로젝트의 질적 향상, 공기 단축, 비용 절감의 효과를 가져오는 것이 가능하다고 하였다. 이후 영국 부총리실 주도 하에 결성된 건설 태스크포스(Construction Task Force)팀이 「건설 재인식(Rethinking Construction)」(또는 「이건 보고서(Egan Report)」)를 발간하였는데, 영국 건설업을 개선할 주된 방향으로 발주 과정과 팀을 통합하는 파트너링을 제안하며 본격적으로 파트너링이 각광받기 시작하였다. 영국에서 파트너링은 상업용 건물, 주거용 건물, 교육 시설, 의료 시설, 여가 시설, 철도 및 고속도로 건설 등에 활발히 활용되어 왔다. 「이건 보고서」에 따르면 파트너링은 전체 프로젝트 공기를 약 10% 절감하고, 20%의 공사비 낭비를 줄일 수 있는 획기적인 프로젝트 발주 방식이다.

파트너링은 크게 두 단계의 계약으로 이루어지는데, 첫 번째 계약에서 시공사와 시공 협력업체들을 포함하는 팀을 프로젝트 초기에 구성하고, 두 번째 계약에서 공사비를 확정하고 시공을 승인한다. 파트너링의 첫 번째 계약은 IPD와 얼라이언싱에서 공통적으로 중요한 프로젝트 성공 요소로 여기는 참여자들의 조기 참여와 일맥상통한다고 볼 수 있다.

결과적으로 IPD, 얼라이언싱, 파트너링은 발생하고 발전한 지역은 서로 다르지만, 셋 모두 동일한 목표를 추구한다. 기존 프로젝트 참여자들 간의 분리된 계약으로 인해 발생하는 책임 전가, 소통의 부재, 정보의 정체 등 비효율적인 요소를 제거하고, 상호 신뢰를 기반으로 프로젝트 목표를 달성하기 위하여 프로젝트 참여자들을 조기에 참여시킴으로써 창조적이고 혁신적인 설계와 시공을 구현하고자 한다는 점에서, 현재 우리 건설 프로젝트가 나아가야 할 방향과 맥을 같이한다고 하겠다. 호주의 얼라이언싱과 영국의 파트너링에 대해서는 3장에서 좀 더 자세히 소개하고 알아보기로 한다.

IPD 알아보기

미국 건축가 협회(AIA)[v], 미국 디자인빌드 협회(DBIA)[vi], 미국 시공사 협회(AGC)[vii] 등의 기관에서 IPD에 대해 비슷한 형태의 정의를 내리고 있다. 가장 포괄적으로 정의된 AIA의 정의를 보면 다음과 같다.

"프로젝트 내의 서로 다른 사람, 운영 방식, 이윤 구조, 업무 방식을 단일화시키는 사업 발주 방식. 이는 전 프로젝트 과정에서 참여자들을 하나의 조직으로 묶어줌으로써 낭비를 줄이고, 효율을 극대화한다. 이 IPD의 최소 요건은 다음과 같다."([표 2.1])

"A project delivery method that integrates people, systems, business structures, and practices into a process that collaboratively harnesses the talents and insights of all participants to reduce waste and optimize efficiency through all phases of design, fabrication, and construction. The Integrated Project Delivery method contains, at a minimum, all of the following elements."

DBIA나 AGC의 정의도 이와 크게 다르지 않으나, IPD를 다자 계

---

v AIA : American Institute of Architects

vi DBIA : Design-Build Institute of America

vii AGC : Associated General Contractors

[표 2.1] IPD의 주요 요건

1. 발주자, 주요 설계사와 시공사의 지속적 참여(Continuous involvement of owner and key designers and builders)
2. 프로젝트 최종 성과에 따라 사업적 이해관계를 통일시키는 성과 평가 및 분배 제도(Business interests aligned through shared risk/reward, including financial gain at risk that is dependent upon project outcomes)
3. 발주자, 주요 설계사와 시공사의 공평한 공동 프로젝트 관리(Joint project control by owner and key designers and builders)
4. 다자 계약이나 다자를 하나로 묶는 계약(Multi-party agreement or interlocking agreements)
5. 발주자, 주요 설계사와 시공사 간의 유한 책임(Limited liability among owner and key designers and builders)

약(Multi-Party Agreement)과 같은 계약적 특성을 포함하여 정의하는지, 아니면 비계약적 특성만을 포함하여 프로젝트 초창기부터 상호 신뢰를 바탕으로 참여자들의 적극적인 협업과 공동 의사 결정을 구현하는 형태의 프로젝트 발주 방식이라고 정의하는지에 대한 차이가 존재한다. AIA는 위에서 정의한 것처럼 다자 계약을 IPD에 반드시 필요한 요소로 정의한 반면에, 현재 DBIA나 AGC 등은 이 두 가지 정의를 동시에 유지하고 있다.

시간이 흐른 뒤 결국 IPD의 정의는 다자 계약이라는 독특한 계약 방식에 기반한 프로젝트 발주 및 조달 방법으로 수렴될 것으로 예상되지만, 현재 이 두 가지 정의가 공존하는 것은 아직 다자 계약을 통한 IPD 프로젝트의 수행 사례가 그리 많지 않으며, IPD의 정신과 철학에 바탕을 두고 기존의 발주 방식(DB나 CM at Risk)을 일부 변화시킨 혼합형 IPD가 많이 이용되고 있기 때문이다. 이런 형태의 IPD 프로젝트는 IPD형 혹은 협업형 프로젝트 조달 방식으로도 불린다. 다음의 [표 2.2]는 CM at Risk, IPD형 프로젝트, IPD 프로젝트의 특성을 보여준다. IPD형 프로젝트에는 순수 IPD 프로젝트의 가장 큰 특징인 다자 계약이나 상호 책임 면책 등은 사용되지 않지만 그 외의 다양한 IPD의 특징이 사용되므로 순수 IPD와 구분하기 위하여 'IPD형'이라는 용어를 사용하며, 순수 IPD로의 진화 과정에서 거치게 되는 과도기적인 형태로 이해할 수 있겠다.

[표 2.2] CM at Risk, IPD형 발주 방식, IPD 발주 방식 간 비교[7]

	CM at Risk	IPD형 발주 방식 (IPD-lite 또는 IPD-ish)	IPD 발주 방식
협력의 정도	낮다 ◀	───────	▶ 높다
프로젝트 참여자 선정 방식	적격 심사 방식 또는 RFP 기반 팀 선정	적격 심사나 수의계약 방식	적격 심사나 수의계약 방식
계약의 특성	거래적 계약	거래적/관계적 계약	관계적 계약
특징	• 협력을 위한 계약이 존재하지 않음 • 제한적으로 위험을 공유함 • CM만이 이익을 공유함	• 협력을 위한 계약이 필요함 • 몇몇 참여자가 위험을 공유함 • Co-location을 활용함	• 발주자, 설계사, 시공사 모두가 다자 계약을 체결함 • 참여자 전체가 위험을 공유함 • 참여자 전체가 의사 결정에 참여함 • 상호 책임 면책을 활용함 • Co-location을 활용함

IPD의 9가지 원리: 협력과 통합

IPD를 보다 자세히 이해하기 위하여 먼저 IPD 프로젝트의 기본 특성을 세밀히 정의할 필요가 있다. 현재 IPD에 대한 계약적, 비계약적 정의가 공존하고 있고, 제한된 경험을 토대로 IPD의 특성을 논한 책자나 보고서에서 상이한 해석들이 나오고 있는 상황이다. 여기에서는 순수 IPD, 즉 다른 프로젝트의 발주 방식들과 명백한 차이점을 보이는 IPD 원리들을 포함한 IPD의 기본 원리들을 정의해보기로 한다.

IPD는 [표 2.3]에서 보듯이 9가지의 다양한 원리로 구성되어 있고, 이 원리들이 조화롭게 적용되었을 때 프로젝트를 성공적으로 이끌 수 있으며, 이 기본 원리들을 바탕으로 프로젝트 환경에 맞는 적절한 수정

[표 2.3] IPD의 기본 원리

1. 주요 프로젝트 참여자의 조기 참여(Early Involvement of Key Participants)
2. 지속적 소통과 문제 해결 프로세스(Continuous Communication and Issue Resolution Process)
3. 협조적이고 동등한 의사 결정(Collaborative and Equitable Decision Making)
4. 프로젝트 정보 시스템의 공유 및 접근성(Access to Shared Information Systems)
5. 공동 프로젝트 목표 확정 및 검증(Jointly Developed and Validated Targets)
6. 비용과 보상의 공유(Shared Cost and Reward)
7. 토론과 협상을 통한 위험도 분배(Negotiated Risk Distribution)
8. 관계 기반, 다자 계약(Multi-Party Relational Contract)
9. 재정적 투명성(Financial Transparency among Key Participants)

과 선택적인 판단을 하는 지혜 또한 필요하다. [그림 2.2]는 9가지 IPD의 원리를 크게 두 가지로 나누어 정리하였는데, 협력을 용이하게 하는 원리와 통합의 원리로 나누어볼 수 있다. 5가지 협력의 원리는 프로젝트 참여자들 간의 의사소통을 증진시켜 공동의 프로젝트 목표를 달성하게 하고, 운명 공동체로서 행동하고 책임과 의무를 갖게 하기 위한 원리들이다. 4가지 통합의 원리는 계약적으로 운명 공동체를 만들기 위한 원리들로, 참여자들 간의 협력을 위한 내부의 업무 프로세스 및 시스템의 변화, 정보 공유 시스템 및 내외부 자원 활용 등을 활성화하여, 강력한 협력과 창의적 해결책을 찾아낼 수 있도록 문화와 환경을 조성하게 한다.

IPD가 더욱 성숙해지면, 결국 이 두 가지 원리들이 모두 조화롭게 구현되는 발주 방식이 될 것이다. IPD는 현재 지속적으로 발전하는 단계에 있지만, 건설업계에는 여전히 생소한 프로젝트 발주 방식이다. 현 시점의 IPD는 협력을 용이하게 하는 원리만 적극적으로 사용되고 통합의 원리는 부분적으로만 사용되고 있으며, 해당 프로젝트들은 IPD형 (IPD-lite 혹은 IPD-ish) 발주 방식이라 불리기도 한다. 그리고 중요한 특징으로 5가지 협력의 원리는 프로젝트의 계약 환경에 크게 제한을 받지 않

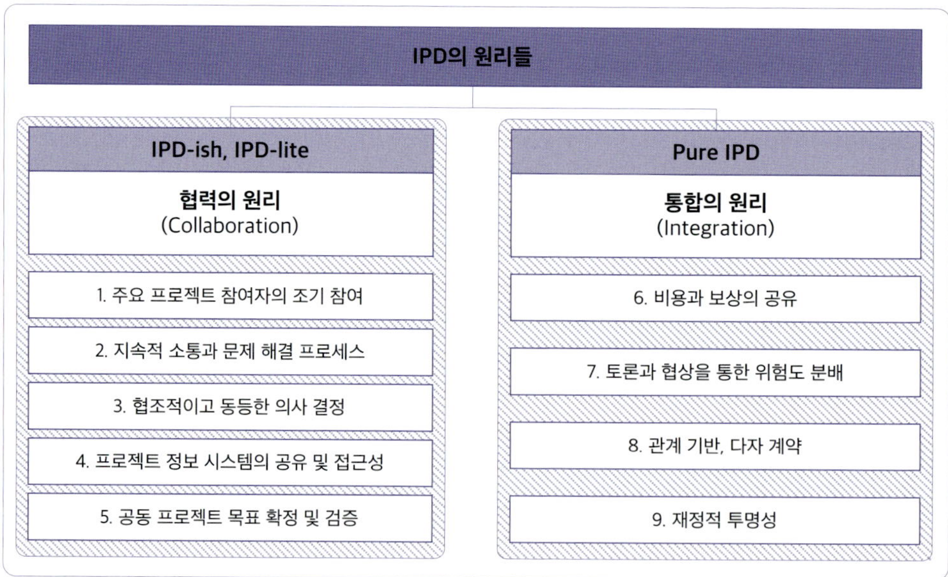

[그림 2.2] IPD의 협력과 통합의 원리

는다는 점을 들 수 있다. 따라서 기존의 프로젝트 발주 방식(DBB, DB, CM at Risk 등)에도 발주자의 의지에 따라 얼마든지 창의적으로 적용이 가능하다. 4가지 통합의 원리는 프로젝트 계약 조항들과 밀접하게 관련되어 있기 때문에 쉽게 적용하기 어려우나, 다자간 협력의 경험을 통해 신뢰가 쌓인다면 이 통합의 원리를 프로젝트에 적용하는 것이 훨씬 수월해질 것이다. 다음에서 각 원리들을 좀 더 상세히 들여다보기로 한다.

1. 주요 프로젝트 참여자의 조기 참여
(Early Involvement of Key Participants)

프로젝트 발주 방식 발달 과정에서의 가장 큰 혁신은 주요 프로젝트 참여자들의 참여 시기를 앞당기는 것이라 해도 과언이 아니다. DB나 CM at Risk 모두 시공사의 지식과 경험을 설계 단계부터 활용하여 시공성을 높이고, 발주자가 의지를 보이는 경우를 제외하면 계약 변경의 가능성과 영향을 줄이자는 의도가 명백한 발주 방식들이다. IPD는 이를 더욱 극대화하며 설계사, 시공사, 주요 협력업체, 그리고 시설물 관리자 및 사용자까지 가능한 한 프로젝트 초창기부터 참여시켜 각자의 지식과 경험을 프로젝트 범위를 정하는 단계(Scoping)에서부터 활용할 수 있게 하는 방식이다. 프로젝트 초창기부터 프로젝트 참여자 모두가 참여함으로써 프로젝트에 대한 이해도가 극대화되고, 이해 부족이나 잘못된 의사소통에 의한 문제 발생의 확률이 현격히 줄어들게 된다.

'전문가들의 경험치를 기준으로 프로젝트 결과에 영향을 주는 의사결정의 80% 이상이 사실상 프로젝트 초창기 20%에 결정된다'[8]는 사실을 인지하고 파레토(Pareto) 법칙을 적용해 본다면, 주요 프로젝트 참여자의 조기 참여가 갖는 중요성은 아무리 강조해도 지나침이 없다. 효율성 면에서 건설업보다 훨씬 앞서 있는 제조업의 통계를 보면 이같은 특징이 더욱 두드러지는데, 제품 개발에 드는 시간과 비용의 85%가 총 시간과 비용의 5%밖에 차지하지 않는 초기 설계 단계에서 사용된다고 보고된 바 있다.[9] 이는 그만큼 프로젝트 초기 단계가 중요하다는 점을 대변하는 결과라 볼 수 있다.

2. 지속적 소통과 문제 해결 프로세스
(Continuous Communication and Issue Resolution Process)

DB는 설계사와 시공사를 한 팀으로 묶어 지속적 소통과 협업을 통해 문제 해결을 꾀한다. 하지만 여전히 발주자가 계약을 기반으로 명령과 통제(Command and Control)의 역할을 한다는 점에서 DBB와 별반 차이가 없다. 또한 DB에서 흔히 발견되는 현상으로 계획 설계나 기본 설계를 맡은 팀과 실시 설계를 맡은 팀이 다른 경우가 발생하는데, 이 과정에서 설계의 연속성이 단절되고 많은 내재적 정보(도면으로 표현되지 않은 발주자의 의도 등)를 잃게 된다. 순수 IPD는 프로젝트 초창기에 발주자, 설계사, 시공사, 그리고 주요 협력업체들 모두가 적극적으로 깊숙이 관여하여 함께 호흡하며, 열린 소통과 공동 협업을 통해 빠른 문제 해결을 추구하게 한다.

3. 협조적이고 동등한 의사 결정
(Collaborative and Equitable Decision Making)

IPD는 프로젝트 참여자 간의 상호 신뢰를 전제로 하며 이 상호 신뢰를 돈독히 하기 위해 여러 전략적 장치들을 프로젝트 과정 전반에서 사용한다. 이 중 IPD의 두드러진 특징은 상명하복형 수직적 의사 결정을 지양하고, 수평적 의사 결정을 추구한다는 점이다. 완벽한 수평적 의사 결정은 발주자의 필요에 의해 프로젝트가 기획되고 설계사, 시공사들이 참여하는 것만으로는 본질적으로 불가능할지라도, 수평적 철학을 가지고 방향성을 추구한다는 점에서 아주 중요하다 하겠다. 특히, IPD의 주요 목적은 협업을 통해 시공 단계의 문제점들을 프로젝트 기획, 설계 단계에서 선제적으로 찾아내고 대안책을 마련하는 것과 창조적인 설계, 시공 접근법을 고안하여 발주자가 궁극적으로 원하는 시설물을 발주하는 데에 있다. 때문에 IPD에서는 보다 적극적인 자세로 프로젝트 참여자들의 아이디어를 모으고, 이들이 가능한 수준에서 동등한 존경과 신뢰를 받을 수 있도록 환경을 조성하는 것이 중요하다. 따라서 IPD는 프로젝트 관련 주요 의사 결정이 회의와 상호 동의하에 이뤄지는 구조를 추구한다. 이는 열린 소통과 정보 교환의 기본이기도 하다.

한국 사회의 지속적인 문제점으로 지적되고 있는 갑을 문화는 IPD에서는 지극히 지양해야 할 문화이다.

4. 프로젝트 정보 시스템의 공유 및 접근성
(Access to Shared Information Systems)

열린 소통, 상호 신뢰 및 존중, 창조적 혁신 등을 철학으로 하는 IPD에서는 프로젝트 정보의 공유와 실시간 접근성의 유지가 중요하다. 프로젝트 정보의 공유는 프로젝트 단계별 정보 재생산의 비효율성을 줄이는 데 큰 역할을 한다. 특히, 지난 20년간 빠른 속도로 발전을 거듭해온 디지털 기술들은 IPD 원리를 실제 프로젝트에서 구현하는 데 크게 이바지하고 있다. 예를 들어 BIM을 통해 설계 자료를 공유하며 협업의 효율성을 높일 수 있고, 디지털 프로젝트 관리 시스템(Digital Project Management Systems)을 통해 하나의 포털 사이트에서 프로젝트 전반의 자료 공유와 관리가 가능해지며, 최신 의사 결정 정보도 실시간으로 업데이트할 수 있다.

5. 공동 프로젝트 목표 확정 및 검증
(Jointly Developed and Validated Targets)

다양한 전문성과 역할을 가진 프로젝트 발주자, 설계사, 시공사, 전문 협력업체들에게 프로젝트 최종 목표를 정확히 공유하고, 그들의 전문적 경험과 지식을 반영하여 실질적이며 성취 가능한 목표들로 확정하는 일은 매우 중요하다. 기존 프로젝트 발주 방식에서 보이는 설계사, 시공사, 그리고 주요 협력업체들의 순차적인 프로젝트 참여와 수직적인 정보 전달 체계로는 참여자들이 공동으로 프로젝트 목표를 확정하고 검증하는 과정이 본질적으로 불가능하다. 여기서 언급되고 있는 다른 IPD 원리들(주요 프로젝트 참여자들의 조기 참여, 지속적인 참여, 소통과 문제 해결 프로세스, 협조적이고 동등한 의사 결정 등)과 동시에 사용될 때, 이같은 프로젝트 공동의 목표 확정 및 검증이 비로소 가능해진다. 이를 통해 프로젝트 성공의 가장 중요한 요인 중 하나로 꼽혀 온 '프로젝트 팀 조율(Project Team Alignment)'[10]이 진정으로 가능해진다. 프로젝트 관리의 가장 어려운 부분이 표면적으로 보이는 수치 데이터(시공비, 공기, 품질) 관리가 아니라 프로젝트 참여자들의 문화, 업무 방식, 의사소통 등 행동과학적인 문제[11]라고 볼 때, 이 조율(Alignment)은 눈에 직접 보이지 않지만 프로젝트 성공을 가늠할 수 있는 대단히 중요한 요소이다.

6. 비용과 보상의 공유 (Shared Cost and Reward)

'비용과 보상의 공유'는 '주요 프로젝트 참여자의 조기 참여', '관계 기반, 다자 계약'과 더불어 가장 중요한 IPD의 특징이다. 기본적으로 비용과 보상의 공유는 프로젝트의 모든 직접 비용은 발주자가 부담하고, 설계사 및 시공사에게도 일정 비율의 수익을 보장하는 방식으로 이루어진다. 다만 이 수익의 크기는 프로젝트 결과에 따라서 더 커질 수도 있고 더 작아질 수도 있는 위험도 기반 수익(Risk-based Profit)이다. 비용과 보상의 공유는 기존 프로젝트 발주 방식과는 판이하게 다른 항목이며, IPD를 통해 프로젝트 참여자 모두가 이윤을 얻을 수 있다는 믿음에 바탕을 두고 있다. 따라서 IPD의 특징 중 강한 상호 신뢰, 열린 대화와 협업 등

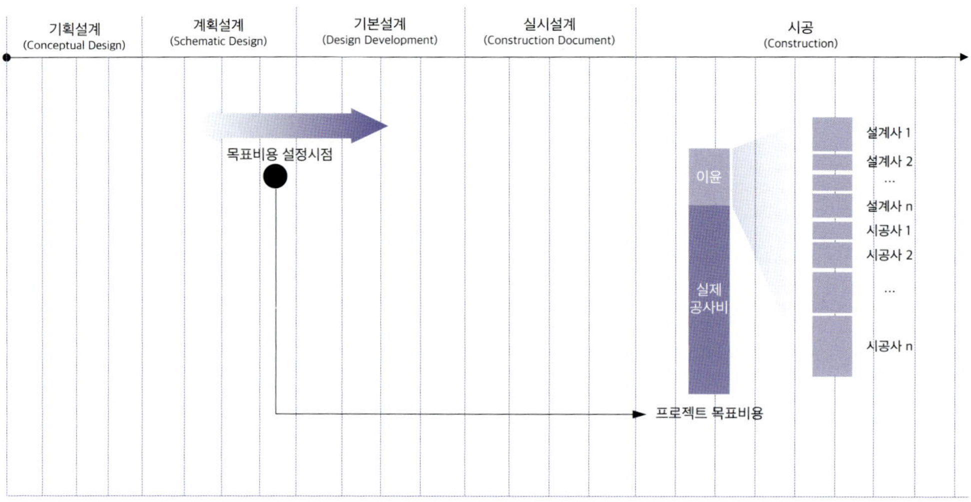

[그림 2.3] IPD 프로젝트의 비용과 이윤 공유도

이 프로젝트 전반에 안정적으로 운용되지 않을 경우에 주의해야 한다.

'비용과 보상의 공유'는 설계사나 시공사에게 지속적인 공사비 절감에 대한 강력한 동기 부여 요인으로 작용한다. [그림 2.3]은 IPD 프로젝트에서 비용과 이윤 공유 개념을 보여준다. 먼저 IPD팀이 구성되어 기획-계획 설계 과정을 지나는 동안에는 실비 정산(Cost Reimbursable) 형태로 각 프로젝트 참여자들이 보상을 받는다. 계획 설계 마무리 시점이나 기본 설계 중 적절한 시점에 공식 IPD 계약이 이루어지게 되는데([그림 2.3]에서 검정색 동그라미로 표시), 견적 결과를 기준으로 실제 비용을 예측하고 협상을 통해 전체 프로젝트의 이윤 할당 비율을 계약서에 명기하게 된다. 이 견적을 기반으로 본 IPD 계약이 이루어지게 되므로, 어떤 발주자들은 이 단계에서 제3자의 견적 결과를 받아보고, IPD의 견적이 적절한지 판단하기 위한 도구로 쓰기도 한다. 이윤 부분은 대체로 각 설계사와 시공사의 참여도 및 아이디어 제공 정도 등을 고려하여 배분 기준을 계약서에 반영하게 된다.

중요한 점은 프로젝트가 끝나고 실제 프로젝트 비용이 계약 당시 견적되었던 비용보다 더 낮게 나오면, 그만큼은 추가 수익으로 처리되어 계약 시 발주자와 합의되었던 내용을 기준으로 발주자에게 일정 비율을 떼어주고, 나머지를 서로 나눠 갖게 된다. 반대로 실제 프로젝트 비용이 견적 비용보다 높게 나오면 그만큼 서로 나누어 가질 이윤이 줄어들게 된다. 이때 실제 프로젝트 비용이 할당된 이윤보다도 높게 나온다면 각 참여자들이 손실을 입게 된다. 초과 비용이 발생할 경우에 계약서에 명시된 할당 비율에 따라 추가 비용을 각 참여자들이 떠안게 되며, 발주자도 정해진 할당 비율에 따라 추가 비용을 부담해야 한다. 이 경우, 발주자 입장에서 전체 프로젝트 비용이 증가하게 되지만, 할당 비율만큼만 추가 비용을 부담하면 되기 때문에 리스크 분산이 가능하게 된다.

따라서 이 구조는 모든 주요 설계사와 시공사들을 한 배에 탄 운명공동체로 만드는 강력한 효과가 있다. 또한 어떤 일을 누가 가장 효율적으로 하는가를 판단하고 일함으로써 실비용을 줄여가는 창의적 노력을 쏟아붓게 하는 도구가 된다. 많은 IPD 프로젝트에서, 프로젝트 가치를 비용적 측면뿐만 아니라 시설물의 기능성 향상이나 사용자 입장에서의 가치 향상 등에도 적용하여 수익 분배 계산에 활용하기도 한다.

7. 토론과 협상을 통한 위험도 분배
(Negotiated Risk Distribution)

'비용과 보상의 공유' 원리가 제대로 작동하게 하기 위해서는 각 프로젝트 참여자들 간의 관계가 적대적 상황으로 갈 수 있는 원인을 아예 원천봉쇄하는 것도 중요하다. 아직까지 IPD-Lite 혹은 IPD-ish 프로젝트들 중에 상호 책임 면책을 충실히 이행하고 있는 프로젝트가 많지 않다. 그러나 면책을 가능하게 하면 설계사 간 또는 설계사와 시공사 간의 분쟁이 발생했을 때 서로 급격히 적대적인 상황으로 가거나 상대방을 고소해서 법정에 가게 되는 상황이 만들어지지 않기 때문에, IPD 원리 중의 하나인 '지속적 소통과 문제 해결 프로세스'를 통해 신속하게 문제를 해결하게 되는 구조를 유도한다. '비용과 보상의 공유' 원리 때문이라도 서로 책임을 전가하고 상대를 비난하는 것은 전혀 도움이 되지 못한다. 이는 결국 서로의 이익을 해치기 때문이다. 면책은 상대의 실수나 잘못을 함께 공유하고, 공동체로서 해결해나가는 정신을 구현하는 또 하나의 장치로 사용된다. 주의할 점은 부주의, 태만, 고의적 위법 행위, 계약 불이행 등은 당연히 면책에 해당되지 않는다는 점이다.

8. 관계 기반, 다자 계약(Multi-party Relational Contract)

건설업계 변호사들이나 건설 관계자가 IPD를 계약법의 한 가지로 접근할 때, 가장 먼저 떠오르는 IPD 원리가 바로 '관계 기반, 다자 계약'이다. 하나의 계약서에 발주자, 설계사, 시공사들이 동시에 서명함으로써 하나의 법률적 공동체를 이루게 하는 것이다. 다자 계약이 아니더라도 관계 기반 계약을 통해, 즉 발주자와 설계사, 발주자와 시공사가 계약을 따로 하더라도 각 계약이 다른 계약 조항을 가져와서 다자 계약보다는 약간 느슨하지만 서로 간접적으로 연결시켜 놓는 방법이 사용되기도 한다. [그림 2.4]는 테메큘라 밸리 병원(Temecula Valley Hospital) 프로젝트에 사용된 실제 9개 기관 사이에 결성된 IPD 계약서를 보여주고 있다. 발주자, 설계사, 시공사 그리고 주요 시공 협력업체들이 동시에 계약서에 서명하여 하나의 법적 조직을 형성하게 되었음을 볼 수 있다.

This Agreement is entered into as of the date entered in Article 1.

OWNER: Universal Health Services of Rancho Springs, Inc.
BY:
PRINT NAME: William Seed
PRINT TITLE: Staff Vice President, Design and Construction
WITNESS:

CONSTRUCTOR: DPR – TURNER, A JOINT VENTURE
BY:
PRINT NAME:
PRINT TITLE:
WITNESS:

BY:
PRINT NAME:
PRINT TITLE:
WITNESS:

CONSTRUCTOR: DPR – TURNER, A JOINT VENTURE
BY:
PRINT NAME:
PRINT TITLE:
WITNESS:

CONSTRUCTOR: BERGELECTRIC CORPORATION
BY:
PRINT NAME:
PRINT TITLE:
WITNESS:

CONSTRUCTOR: SOUTHWEST FIRE PROTECTION
BY:
PRINT NAME:
PRINT TITLE:
WITNESS:

CONSTRUCTOR: DPR CONSTRUCTION, A GENERAL PARTNERSHIP DRYWALL DIVISION
BY:
PRINT NAME:
PRINT TITLE:
WITNESS:

DESIGNER: HMC ARCHITECT
BY:
PRINT NAME:
PRINT TITLE:
WITNESS:

CONSTRUCTOR: SOUTHLAND INDUSTRIES
BY:
PRINT NAME:
PRINT TITLE:
WITNESS:

ConsensusDOCS 300 • STANDARD FORM OF TRI-PARTY AGREEMENT FOR COLLABORATIVE PROJECT DELIVERY Copyright © 2007, ConsensusDOCS LLC. YOU ARE ALLOWED TO USE THIS DOCUMENT FOR ONE CONTRACT ONLY. YOU MAY MAKE 9 COPIES OF THE COMPLETED DOCUMENT FOR DISTRIBUTION TO THE CONTRACT'S PARTIES. ANY OTHER USES, INCLUDING COPYING THE FORM DOCUMENT, ARE STRICTLY PROHIBITED.

[그림 2.4] IFOA[i]를 이용한 다자 계약 실제 사례[12]

9. 재정적 투명성
(Financial Transparency among Key Participants)

재정적 투명성은 한마디로 회계 장부 공개(Open-Book, 오픈북)를 추구한다는 점이다. 오픈북을 통해서 실제 설계 및 시공 비용을 견적과 비교할 수 있기 때문에 이익 및 손해 분할에도 중요한 역할을 하게 된다. 하지만 모든 IPD 참여자가 오픈북에 영향을 받지는 않는다. 예를 들어 발주자를 도와 프로젝트 관리를 하는 회사는 총액(Fixed Fee)으로 계약이 될 수도 있고, 공정성을 위해 이익 공유 계획에 포함이 안 될 수도 있다. 또한 아주 명확한 업무 범위에 특화된 시공 협력업체의 경우, 기존의 경쟁입찰을 통해서 투입하고 회계 장부 비공개(Closed-Book)로 가도 무방한 경우도 많다.

---

i IFOA(Integrated Form of Agreement)는 발주자, 설계사, 시공사 간의 3자 계약을 기본으로 하는 계약 모델이다.

IPD용 프로젝트 관리 도구들

IPD의 원리가 지속적으로 작동하고 효과를 발휘하기 위해서는 다양한 프로젝트 관리 도구들이 적절히 준비되고 활용되어야 한다. 본 절에서는 현재 활발히 사용되고 있는 IPD 프로젝트 관리 방법과 도구들을 설명하도록 한다.

코 로케이션(빅룸)

코 로케이션(Co-location)은 다양한 팀들의 협력과 협업을 가장 효과적으로 높일 수 있는 도구로, 빅룸(Big Room) [viii]으로 불리는 물리적인 공간에 프로젝트 참여자들(설계사, 시공사, 주요 협력업체 등)을 동시에 투입하는 방법이다. 이는 단일 공간에 인력을 배치하여 지속적인 의사소통과 통합적인 사고, 효율적인 관계 구축 및 생산성 향상을 가능하게 한다. 빅룸에서는 주요 프로젝트 참여자들을 주축으로 설계 협의, 일정 협의, 예산 협의, 교육, 미팅 및 토론 등이 빈번하게 발생한다. 프로젝트의 의사 결정권자들이 빅룸에 참석하여 프로젝트 공동의 목표 설정 및 참여자들 간의 공감대를 형성하고, 참여자들이 본인의 업무에 대해 책임감을 가

---

viii **코 로케이션(Co-location)과 빅룸(Big Room)** IPD에서의 공동 근무 공간을 뜻하는 코 로케이션은 흔히 빅룸이라고 불린다. 빅룸(일본어로 大部屋, Oobeya, 큰 방 또는 작전실을 의미)은 도요타에서 쓰이는 코 로케이션 전략을 의미하며, 의사소통의 효율을 높이고 창의성을 강화시키기 위하여 다양한 분야를 물리적으로 공동 배치하는 것을 의미한다. IPD의 도구들 다수가 린 개념에서 출발하기 때문에 코 로케이션과 빅룸은 혼용되어 쓰이며, 같은 전략을 의미한다고 보아도 무방하다.

질 수 있도록 독려한다.

[그림 2.5]는 병원 신축 공사 프로젝트 내에서 프로젝트 참여자들 간의 상호 정보 교류 및 교환을 수치적으로 측정해서 매트릭스 형태로 보여주고 있다. 수평축(X축)은 정보 요청서(Request for Information) 작성자를 보여주고, 수직축(Y축)은 정보 요청서 수취인을 보여준다. 범례에서 보듯이, 짙은 색깔은 더 많은 상호 정보 요청이 있었음을 나타낸다.

예를 들어 병원 건설 프로젝트의 초기 단계에는 설계사가 높은 상호 정보 교류 및 교환 빈도를 보이는데, 초기 단계에는 프로젝트와 관련된 모든 정보가 설계사를 통해 전달되기 때문이다. 설계사는 프로젝트의 초기 단계에 가장 중요한 키 플레이어이기 때문에 그 시기에 반드시 빅룸에 상주하고 있어야 하며, 여러 회의와 의사 결정을 주도적으로 이끌 줄 알아야 한다. [그림 2.5]에서 보는 바와 같이 다양한 참여자들 간

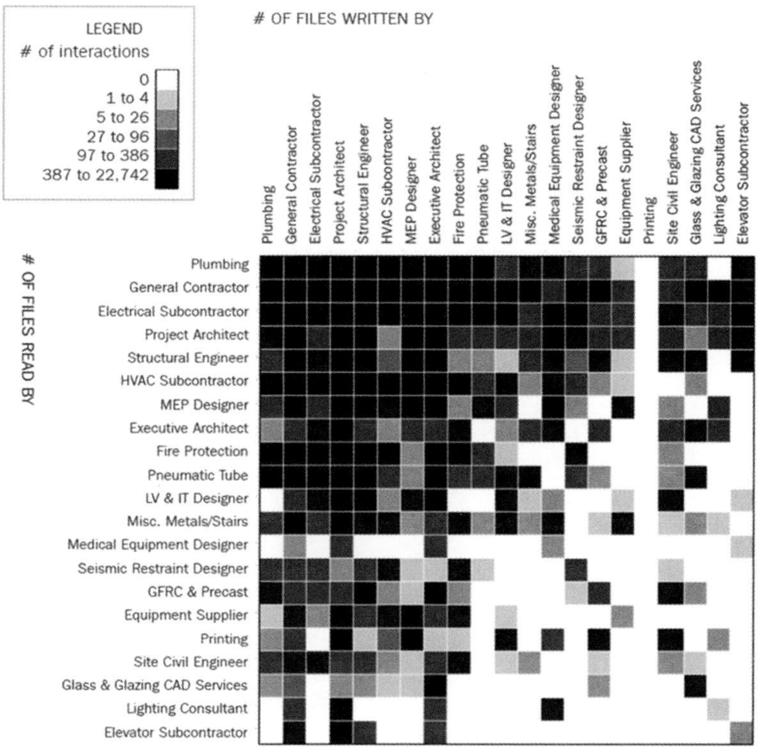

[그림 2.5] IPD 주요 프로젝트 참여자들의 상호 교류 분석도[13]

많게는 2만 번 이상의 상당히 심도 있는 교류가 필요함을 알 수 있다. 따라서 빅룸을 통해 이들의 물리적인 거리를 없앰으로써 거둘 수 있는 효과는 빅룸을 구성하기 위해 들어가는 추가 비용을 훨씬 능가하게 된다.

빅룸 운영 전략과 10가지 성공 요소

미국의 건설 회사인 DPR건설(DPR Construction)은 IPD 프로젝트, BIM, 지속 가능한 건설, 시공전(Preconstruction) 서비스 등을 제공하는 회사로, 다년간의 IPD 경험과 노하우를 바탕으로 빅룸을 성공적으로 이끌기 위한 운영 전략과 성공 요소에 대해 연구해왔다. 다음 [표 2.4]는 DPR에서 연구한 빅룸의 10가지 성공 요소를 보여주고 있으며, 이를 a) 빅룸에서의 자리 배치 전략, b)시간 관리 전략, c)효율적인 회의 전략, d)부분적인 빅룸 운영 전략으로 나누어 알아보도록 하겠다.

- 빅룸에서의 자리 배치 전략

빅룸의 운영 전략과 성공 요소 중 눈에 띄는 것은 빅룸의 상주 인원을 소속별로 구분하는 것이 아닌 공종별 클러스터 단위로 구분하여 자리를 배치한다는 점이다. 예를 들어 MEP 공사의 경우, 기계 기사, 설비 기사, 발주자의 시설 관리자 등이 함께 모여 앉는 형식이다. 기존의 설계사에서 중요한 프로젝트를 앞두고 흔히 행해지는 합동 사무실이나, 건설 현장에서 시공 현장에 꾸려지는 현장 사무실과의 가장 큰 차별점이 바로 여기에 있다.

프로젝트 참여자들은 건축물의 요구 성능을 만족시키기 위해서 각 요소와 전체 시스템을 동시에 고려할 수 있어야 한다. 만약 참여자들이 시스템에 대한 고려 없이 각 요소를 개별적으로 발전시켜 나간다면, 전체 시스템에 최적화할 수 있는 선택지가 한정되기 마련이다. 이를 막기 위하여 다양한 분야의 협업이 필요하며, 공간적인 클러스터를 통해 이러한 협업이 가능하다. 단일 공간 내에 소속의 구분 없이 공종별로 자리를 배치함으로써 문제 발생 시 신속한 의사 결정이 가능해지고, 결과적으로 시간 낭비를 줄이고 프로젝트를 성공적으로 이끌 수 있는 바탕이 된다.

● 시간 관리 전략

빅룸을 꾸리기 위한 최적의 장소를 찾거나 프로젝트 참여자가 한 번에 참여하지 않고 점진적으로 참여하는 등의 이유로 빅룸의 구성이 늦어질 가능성이 있다. 이러한 이유로 빅룸을 설계 단계, 혹은 시공전 단계가 지난 후에 구성하는 것은 프로젝트

[표 2.4] 빅룸의 10가지 성공 요소[14]

빅룸의 성공요소	설명
적합한 기술 사용 (Right Technology)	● 스마트 보드, 웹 기반 문서 관리 도구 등 빅룸 지원에 적합한 기술 사용
클러스터 단위 자리 배치(Organize by Cluster)	● 회사별 자리 배치가 아닌 공종별 클러스터에 따른 자리 배치 ● 예를 들어, 특정 프로젝트 범위를 함께 수행하는 MEP팀이 빅룸에서 함께 앉도록 자리 배치
생산적이고 계획적인 회의 (Well-planned Meetings)	● 회의 주제, 시간, 참여자 등 상세한 회의 내용 확립 ● 모든 사람이 전체 회의 시간에 앉아 있는 것을 지양하고, 본인이 필요한 부분에만 적극적으로 참여하는 유연성 있는 회의 운영
업무 집중 시간 확정 (Time to Work)	● 빅룸에서는 업무에 집중할 수 있는 환경 조성 ● 회의 준비에 과다하게 업무 시간을 쏟는 환경 지양
통합된 동시 공학 (ICE, ICE, ICE! - Integrated Concurrent Engineering)	● 지속적 통합, 협력 엔지니어링 독려 ● 다양한 분야가 함께 의사 결정에 참여
일 단위 회의 (Daily Huddle)	● 일(日) 단위 업무 계획
상호 존중 문화 (Respect Time)	● 역할이 작은 팀원들을 인지하고, 빅룸에서 그들의 전문 지식을 활용하기 위한 방안 마련 ● 팀원 개개인의 성향 존중
현실적이고 전략적인 운영 (Be Practical and Tactical)	● 전략적으로 문제를 해결하기 위한 효율적인 시간 배분
문제 해결을 위한 현실적 접근 (Use a Parking Lot)	● 회의 주제와 관련 없으나 매우 중요한 아이템의 경우 회의 주제에 관련된 것을 먼저 끝낸 후에 회의 끝자락에 논의 ● 시간이 충분하지 못하다면, 별도의 회의를 잡을 것
다양한 형태의 회의실 운영 (Plan the Space)	● 개방된 공간을 활용하여 팀원들에게 유익한 정보 게시 ● 대, 중, 소 규모의 회의실 마련

팀이 빅룸을 고려할 때 저지르는 가장 큰 실수 중 하나임을 알아야 한다. 빅룸의 구성이 늦어지면 프로젝트 참여자들이 원래의 작업 공간에 머무르고 싶어하는 내적인 심리가 생기게 된다. 가능한 한 이른 시기에 빅룸을 구성하고, 모든 참여자가 한 번에 빅룸에 입주하는 것이 가장 바람직하다.

빅룸의 참여자가 명심해야 하는 것 중 또 다른 하나는 각자 본연의 역할을 잊지 말아야 한다는 점이다. 빅룸은 협업, 회의, 토의, 토론, 의사 결정을 위한 공간인 것이 강조되지만, 참여자 본인의 업무 또한 지속적으로 수행되어야 한다. 회의를 준비하기 위하여 지나치게 많은 시간을 투자하는 자세는 지양되어야 한다. 회의 시간을 정할 때 유동적인 시간(Open Period)을 두어 개개인의 일을 하기에 충분한 시간을 확보하는 것 또한 중요하다.

- 효율적인 회의 전략

빅룸에서의 하루는 짤막한 일간 모임에서 시작된다. 일명 데일리 허들(Daily Huddle)이라 불리는데, 모든 팀원이 서서(Stand-ups) 각자 오늘 할 일, 특별히 어려운 점을 돌아가며 얘기하는 것이다. 이때 서서 회의하는 이유는 회의 중 다른 일을 하는 것을 막아 집중도를 높이고, 회의에 소요되는 시간을 줄이기 위해서이다. 데일리 허들은 토론의 연장선상이 아님을 명심하고, 허들이 끝나고 난 후에 더 깊게 논의하고 싶은 항목이 있는 경우 별도의 대화로 이어져야 한다. 데일리 허들에서 중요한 점은 팀원들과 하루 일과를 얘기하며 각자 할 일의 우선순위를 인지하는 것이므로, 최대한 간결하게 끝내도록 하는 것이 좋다.

데일리 허들 이외에 클러스터 단위로 일정 주기의 회의를 갖게 된다. 이때에는 회의 주제를 명확하게 하여 주제와 벗어난 논의로 팀원들의 시간을 빼앗지 않도록 해야 한다. 빅룸의 단점 중 하나가 회의가 과다하게 강조된다는 점인데, 이는 바람직하지 못한 자세라고 할 수 있겠다. 회의가 강조되면 회의 준비에 지나치게 많은 시간을 쏟게 되어 정작 본인들의 업무에 소홀해질 수 있기 때문이다. 이를 막기 위해서 회의 주최자는 회의 시작 전에 "이 회의에 꼭 필요한 사람인데, 현재 부재중인 사람이 있는가?"라는 등의 질문을 던져 생산적인 회의 시간을 만들도록 노력해야 한다.

누구나 회의 도중에 회의 주제에서는 벗어났지만 매우 중요한 이슈이거나 흥미로운 아이템에 대해서 토론한 경험이 있을 것이다. 이런 토론이 매우 생산적인 회의가 될 수는 있으나, 회의가 길어지는 것은 결코 바람직하지 않다. 이러한 아이템들(Parking Items)은 '추후 논의 아이템 리스트(Parking Lot)'에 기록하고, 회의 끝자락에 논의하도록 하는 것이 좋다. 논의를 한 후 정말 중요한 이슈라고 판단되면 추후에 별도의 회의를 잡아 심도 있게 파고들도록 한다.

빅룸에서의 효율적인 회의를 위해 가장 강조하고 싶은 점은, 회의 시간에 대한 인식의 개선이다. 예를 들어, 10명의 팀원이 총 2시간 동안 회의에 참여했다고 가정해보자. 이 중 3명은 전체 회의 중 초반의 1시간 동안만, 2명은 전체 회의 중 후반의 1시간 동안만 본인들의 업무와 관련된 회의 주제가 논의되었다고 하자. 회의에 참여한 팀원들 개개인의 시간을 합산해봤을 때, 10명이 2시간을 참여하여 총 20시간이 소요되었지만, 사실은 5명이 2시간, 3명이 회의 초반 1시간, 2명이 회의 후반 1시간에 참여하여 총 15시간만큼만 유익한 회의였다고 할 수 있다. 현재 우리나라 건설 시장에서는 자리잡기 힘든 문화지만, 빅룸의 성공적인 구현과 회의의 효율성 제고를 위해서는 본인이 필요로 하는 회의 주제가 끝났다면 본인의 업무로 돌아가는 것을 부정적으로 생각해서는 안 된다.

● 부분적인 빅룸 운영 전략

프로젝트의 규모가 작거나, 회사 내부 사정상 빅룸 구성이 어려울 수 있다. 특히 소규모 프로젝트의 발주자는 굳이 추가 비용을 내면서까지 빅룸을 구성해야 하는지 의문이 들 것이다. 이 때에는 빅룸 운영 전략을 변형하여 적용할 수 있다. 상황에 맞게 변형하여 적용할 수 있는 두 가지 전략을 소개하고자 한다.

첫 번째 전략은 별도의 빅룸을 구성하지 않고 프로젝트 단계별로 참여자의 사무실에 다른 참여자들이 이동하는 것이다. 설계 단계에는 설계사의 사무실에 합동 사무실을 꾸려 발주자, 시공사, 시공 협력사 등이 이동하고, 시공 단계에는 시공사의 사무실에 합동 사무실을 꾸려 발주자, 설계사, 시공 협력사 등이 이동하는 형식이다. 실제로 미국 오토데스크(Autodesk)사의 월섬(Waltham) 프로젝트(4장 참조)에서는 별도의 빅룸을 구성하지 않은 채 이같은 전략을 활용하여 프로젝트를 성공적으로 마무리했다. 시공사였던 토치(Tocci)사는 설계 및 시공전 단계에 설계사의 사무실에 임시로 팀을 꾸렸다. 설계사가 설계를 진행하는 동안 시공사는 같은 3D모델에 시공성을 검토하는 작업을 진행했다. 주요 협력업체 또한 설계사의 사무실에서 함께 시간을 보내며 그들의 의견을 설계에 반영했다. 공사가 시작된 후에는 모든 팀이 시공사의 사무실로 이동했다. 빅룸을 꾸리지는 않았으나 설계 단계에 시공사와 시공 협력업체의 의견이 충분히 반영되었기 때문에, 실제 시공 단계에서의 시공 변경이 크게 줄어들 수 있었다. 또한 문제에 직면하게 되었을 경우 모든 프로젝트 참여자들이 모여 공동으로 의사 결정을 할 수 있었기에 빅룸이 원하는 근본적인 목적이 달성될 수 있었다.

두 번째 전략은 계속해서 빅룸에 상주하는 대신 프로젝트의 진행 상황에 따라 주기적으로 빅룸에 참여자들이 모이는 것이다. 다만 이 전략을 쓸 경우 빅룸에서는 현재 진행중인 작업에 대한 의사 결정에 고도의 집중을 필요로 한다. 상주 인원과 비상주 인원을 구별하고 팀의 전체 미팅 날짜를 확실하게 하여 정해진 날에는 모든 상주 인원, 비상주 인원이 참여할 수 있도록 독려해야 한다.

빅룸의 물리적 환경은?

빅룸은 프로젝트 현장에 인접하게 꾸리는 것이 일반적이지만 모든 프로젝트 참여자에게 접근성이 가장 좋은 장소로 빅룸 장소를 선택한 후, 시공 단계가 시작됨과 동시에 시공 현장 근처로 이전하는 것 또한 좋은 방법이다. 모든 참여자의 접근성이 확보되지 않는 경우에는 화상 회의 시스템을 구축하여 협업의 효율을 높여야 한다. 실제로 우리나라에서 시공전 단계에 업무의 효율화를 위하여 빅룸을 활용한 사례가 있었는데, 발주자가 지방에 위치해 있었기 때문에 고성능 화상 회의 시스템을 구축하여 주기적인 회의를 진행했다.

빅룸에는 개개인의 업무를 위한 책상 및 PC, 휴식 공간, 다수의 빈 벽, 이동식 가벽, 스마트보드, 화상 회의 장치, 화이트보드, 프린터 등 팀 활동을 위한 도구, 파일 및 정보 공유 서버, 인터넷, 점착식 메모지, 플립차트 및 마커가 비치되어 있어야 한다. 이때 다수의 빈 벽을 활용하여 풀 플래닝(Pull Planning)과 브레인스토밍이 진행된다. 빅룸의 구조상 벽 공간의 활용이 어려울 때를 대비하여, 이동식 가벽이나 스마트보드를 구비한다.

빅룸의 물리적 환경 조성을 위해서는 본인들의 프로젝트 규모에 맞게 빅룸 시설을 구비하는 현명함이 필요하다. 소규모 프로젝트의 경우 단순하게 화이트보드와 팀의 목표, 현 상황, 관련 정보 등을 게시하기 위한 다수의 벽이 있는 전용 공간으로 빅룸을 구성할 수 있다. 대규모 프로젝트의 경우 위에서 말한 빅룸의 모든 물리적인 조건을 갖추는 것으로 구성할 수도 있다. 두 경우 모두 프로젝트 참여자들 간의 의사소통을 증진시키고 창의력을 강화시켜 협력을 돕는다는 공동의 목적은 달성 가능하다.

빅룸은 추가 비용일까?

그렇다면 빅룸을 구성하는 데 드는 비용은 프로젝트 참여자에게 있어서 감수할 만한 비용일까? 빅룸의 큰 이점에도 불구하고 몇몇 프로젝트 참여자들에게는 빅룸이 여전히 꺼려지는 존재일 것이다. 특히 소규모 프로젝트의 경우 흔히 말하는 배보다 배꼽이 더 큰 상황이 될 수도 있다.

빅룸에 상당한 비용이 드는 것은 사실이다. 프로젝트 참여자들에 적합한 작업 공간을 창조해내야 하고, 작업 인원들이 이동하는 시간 투자도 해야 한다. 이런 상황에서 명심해야 할 부분은 빅룸 비용의 정의이다. 단순하게 빅룸을 구성하는 데 드는 당장의 비용만이 아니라, 참여자들 간의 협력이 부족해서 생기는 낭비, 빅룸에서 생길 수 있는 창의적인

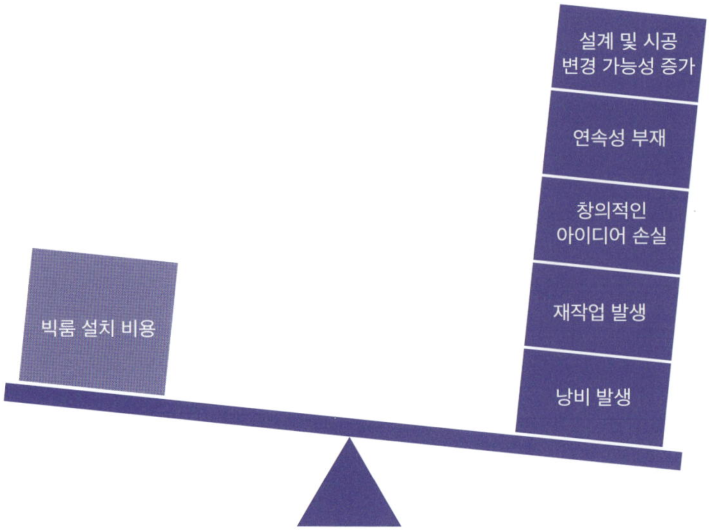

[그림 2.6] 빅룸 비용의 정의

아이디어의 손실, 재작업, 작업 연속성의 부재, 설계 단계와 시공 단계에서의 변경 가능성 등 모든 것을 산술 계산하는 것이 진정한 빅룸의 비용이다. 즉 빅룸으로 인해 당장 내 손안에서 나가는 비용만을 바라보지 않고, 프로젝트 전체에서 생기는 추가 가치를 바라보는 혜안을 기르는 것이 무엇보다 중요하다 하겠다.

[그림 2.6]은 빅룸 설치 및 운영은 손실 비용이 아닌 투자 비용의 개념으로 이해해야 한다는 개념을 보여준다. 빅룸 설치 및 운영 비용(-)과 설계 및 시공 변경의 감소(+), 설계와 시공의 연속성 향상(+), 창의적 아이디어 발견(+), 재작업과 낭비 최소화(+) 등을 고려해 볼때, 빅룸은 비용이 아니라 비용 절감 도구인 것이다.

목표 가치 중심 설계

목표 가치 중심 설계(TVD, Target Value Design) 프로세스는 프로젝트 목표 비용과 함께 주요 성과 지표들을 함께 개발하고, 이 지표들의 달성을 궁극적인 목표로 삼아 프로젝트를 진행하는 것이다. 전통적인 발주 방식에서는 설계 도면이 어느 정도 상세하게 만들어진 후에 공사비 견적을 진행하는데, TVD를 활용하면 설계의 발전과 동시에 견적이 이루어진다. 즉 설계의 중간 시점에 목표 가치(Target Value)가 정해지며, 나머지 설계는 결국 목표 비용 및 목표 가치에 부합하도록 하는 것이다. 미국에서 TVD가 적극적으로 쓰인 12개의 프로젝트 결과를 보면, 시장 가격 대비 대략 6-34%의 비용 절감(평균 15%)이 보고되었다.[15] 다음의 [표 2.5]는 기존 발주 방식에서의 설계에 대한 관점과 TVD의 관점을 비교하여 보여준다. TVD는 근본적으로 상세 설계에 맞추어 공사비를 견적하는 기존 시스템과 달리, 설계 완성 이전에 주요 성과 지표를 함께 개발하고 설계를 발전시켜나가는 방식이다. 프로젝트 참여자 전체의 의견이 반영되어 설계가 발전해나가는 방식이기 때문에 협업을 용이하게 하기 위하여 빅룸을 적극 활용해야 한다.

[표 2.5] 기존 발주 방식에서의 설계와 TVD의 관점 비교[16]

기존 발주 방식에서의 설계	TVD
상세 설계에 기반한 견적	견적(공사비)에 기반한 설계
설계의 시공성 평가	시공성을 고려한 설계 발전
설계를 먼저 진행하고 그룹 검토를 통해 설계 발전	발생 가능한 이슈와 주요 성과 지표를 프로젝트 팀이 다 함께 정의하고 설계에 반영
설계를 진행하기 위한 적은 선택지	설계 과정을 위한 다수의 해결 방안
분리된 공간에서 혼자 설계 진행	빅룸 등의 공간에서 직접 얼굴을 맞대고 함께 설계 진행

미국 내에서 경쟁력 있는 설계 컨설팅 회사인 CH2M HILL사(현재 Jacobs Engineering Group에 통합됨)의 경우, 20여 년간의 TVD 프로세스 노하우를 웹 기반 도구로 만들어 협력 기반 설계 및 범위 확정(CDS[Collaborative Design and Scoping]) 프로세스라는 이름으로 사용하고 있다. CDS 프로세스는 기본적으로 발주자, 설계사, 시공사들의 경험과 능력을 모아 설계를 완성해가면서 공사 기간과 공사비를 확정해나가는 과정이다. [그림2.7]에서 보듯이, 기존의 전통적인 방식과는 달리, 설계사, 시공사 및 협력업체의 빠른 선정과 주요 의사 결정 포인트를 앞당겨 프로젝트를

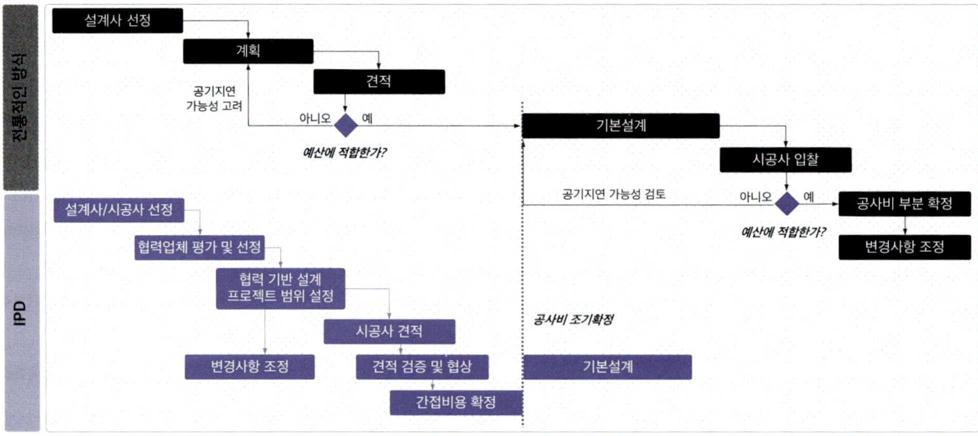

[그림 2.7] CH2M Hill사의 CDS 프로세스

수행함으로써, 설계 및 시공 계획 품질은 높이면서도 소요 시간을 줄여내는 방식이다. 한마디로 설계에 시공사 및 협력업체의 의견이 지속적으로 반영될 수 있는 환경을 만들며 신뢰성 있는 공사 비용이 조기에 확정되며 발주자의 요구 사항이 적극적으로 반영된 설계가 가능하다.

1990년대 말부터 엑셀(MS Excel) 기반의 도구로 시작된 CDS 프로세스는 성공의 축적이 가속화되면서 다양한 프로젝트 참여자들의 다중 접속이 가능한 데이터베이스 시스템으로 발전하고, 최근에 웹 기반의 시스템으로 정착하였다. ([그림 2.8]) 해당 시스템은 설계 완성까지 필요 항

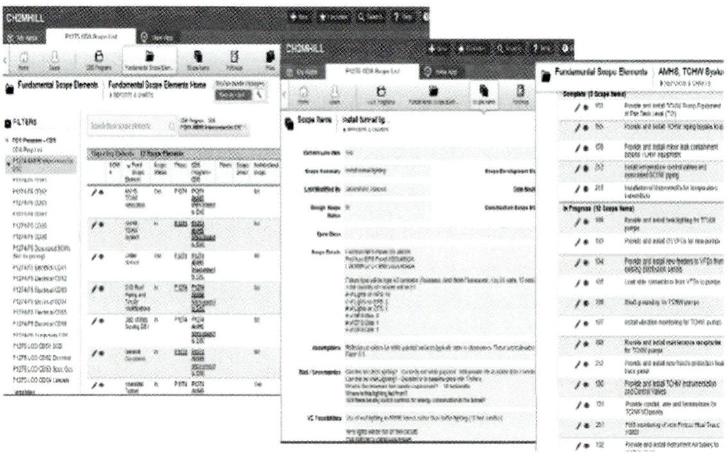

[그림 2.8] CH2M Hill사의 CDS 프로세스 도구

목 제시 및 책임자 지정, 진행 상황을 모니터하는 프로그램이며, 설계 중 대부분의 의사 결정은 다양한 참여자들의 의견이 조율되면서 결정되므로 빅룸과 함께 사용되면서 효과가 향상되었다고 한다.

초창기 CDS 버전이 사용되기 시작한 1997년 이래로, CH2M Hill 사가 자체 프로젝트들의 성과를 평가한 결과, 불필요한 프로젝트 필요 사항들을 조기에 제거하고 다양한 아이디어를 수용하여 수많은 비용 절감 사례들이 축적되었으며, 계약 변경 건수가 급격히 줄어드는 효과를 보였다. 또한 정보 요청서가 90% 가까이 감소하였고, 공기 확실성(Schedule Certainty)과 비용 확실성(Cost Certainty)이 크게 향상되었다고 보고하고 있다.[17]

TVD의 진행 순서

목표 가치 중심 설계의 과정을 조금 더 심도 있게 보면 모든 과정이 목표 설정, 설계 조정(Design Coordination), 시공 조정(Construction Coordination)의 단순한 세 단계로 구성된다는 점을 알 수 있다.

첫 번째, 목표 설정 단계에서는 프로젝트 참여자가 추구하는 가치를 제안하고 그들의 우선순위를 명확하게 하여 팀이 과거에 경험했던 불필요한 낭비를 제거하기 위한 계획을 설정한다. 각 참여자별 이해관계자가 목표 설정에 적극 참여하여 목표로 하는 비용 절감 정도와 프로젝트 범위 단축 정도를 할당하고, 이를 바탕으로 목표 비용을 설정한다.

두 번째, 설계 조정 단계에서는 공사비 검토를 지속적으로 수행한다. 구조, 기계, 전기, 내부, 외부 공사 등 작업 전반을 고려하여 TVD를 적용하며, 모든 프로젝트 참여자의 적극적인 의견 개진이 필요하다. 빈번하게 공사비 검토가 수행되기 때문에 프로젝트 참여자들을 빅룸에 공동 배치하고 협업을 통해 공사비 검토의 효율을 높이도록 해야 한다.

세 번째, 시공 조정 단계는 앞선 단계들에서 설정한 목표가 제대로 반영되었는지 확인하는 단계이다. 이 단계에서는 시운전 및 점검을 통해 설계 과정에서 기존의 변경 전 설계에 비해 창출된 가치가 있는지, 있다면 그 수준이 어느 정도인지, 원하는 의도대로 반영되었는지 등을 평가하고 조정한다.

TVD를 위한 전략

현재까지 TVD를 위해서 주로 쓰이는 전략은 공사비 트래킹(Cost Tracking), 세트 기반 설계(Set-based Design), A3 보고서(A3 Report), 동시 공학(Concurrent Engineering), 장점 기반 선택(Choosing by Advantages), 라스트 플래너 시스템(The Last Planner System), BIM, 빅룸 등이 있다.

TVD에서 매우 중요한 부분은 설계가 진행됨과 동시에 견적을 계속 발전시키는 것이다. TVD에서 견적은 잦은 빈도로 거의 연속적으로 이루어지는데, 이 과정을 공사비 트래킹이라 한다. 목표 공사비를 설정하는 것은, 프로젝트 참여자가 지금까지의 프로젝트 경험을 통해 쌓아온 기존의 공사비 데이터가 낭비를 포함하고 있다는 생각에서부터 출발해야 하는 것이 기본이다. 이 낭비를 찾아내고 제거하며 공사비를 산출해 나간다.

설계 단계에서 목표 공사비를 설정할 때에는 공종별로 TVD팀을 구성하고 각 팀에 목표 공사비를 할당한다. 이때 시스템(Systems), 하위 시스템(Subsystems), 집합(Assemblies), 요소(Components)의 단계별로 목표 가치에 대한 대안들을 평가하고 선별하여 하나의 설계 대안을 선정하는 세트 기반 설계를 활용한다. 공사비와 시공성 등 목표로 하는 가치에 맞는 설계를 수행할 수 있도록 프로젝트 참여자들을 독려하는 것이 필요하고, 설계사가 개별적으로 설계 옵션을 발전시켜 나가기보다는, 활발한 협업을 통해 공사비 데이터를 제공하고 목표 비용을 준수할 수 있는 설계를 유도해 나가는 자세가 바람직하다.

A3 보고서는 PDCA(Plan-Do-Check-Action) 사이클을 실행하기 위한 시스템으로, 문제를 인식하고 프로젝트의 흐름을 한눈에 파악할 수 있도록 돕는 시각 자료이다. 즉 A3 종이 한 장에 PDCA 사이클의 결과를 요약하여 정리하는 것이라고 이해하면 쉽다. 프로젝트 팀이 직면한 문제에 대한 근본 원인을 결정하고, 체계적으로 문서화하는 과정으로 문제와 이를 해결하기 위한 정보를 정확하게 묘사하는 것이 중요하다. A3 보고서는 배경, 현재의 조건, 목표, 근본 문제 분석, 대응 방안, 대응 방안 효과 분석, 후속 조치, 이렇게 7개의 요소로 구성된다. ([그림 2.9]) 이를 통해 여러 원인들을 함께 고려하면서 다양한 프로젝트 참여자들이 과학적인 사고와 생산적인 대화를 하게 되고, 서로에게서 배울 수 있는 문

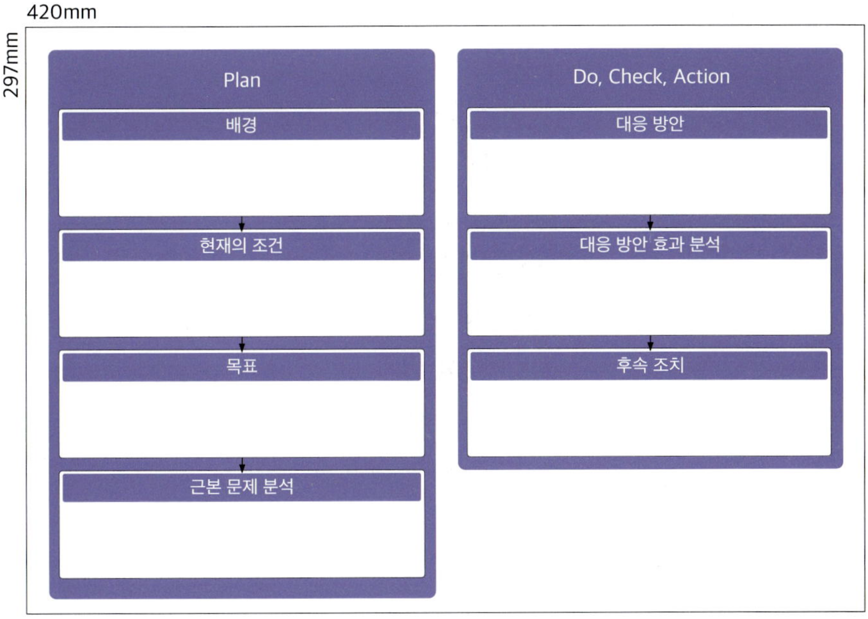

[그림 2.9] A3 보고서의 양식

화가 자연스럽게 형성되어 지속적인 개선이 가능해진다.

'배경'에는 프로젝트나 프로젝트 팀의 목표를 명확하게 정의하여 기술한다. '현재의 조건'에는 직면한 문제를 기술하고 문제를 시각적으로 표현하는데, 사실과 관찰, 참여자의 의견을 명확하게 구분하여 문제를 객관적으로 바라보려는 자세가 필요하다. '목표'에는 목표 달성을 위해 어떤 노력이 필요한지 구체적이고 정량적으로 기술한다. '근본 문제 분석'에는 모든 영향 요소를 고려하여 근본 문제를 분석한다. 근본 문제는 프로젝트 참여자, 장비, 재료, 환경 등이 될 수 있으며, 5 Whys 기법이 활용될 수 있다. '대응 방안'은 근본 원인을 해결하기 위한 방안을 보여주며, 그 효과가 어떻게 증명되고, 문제의 재발을 어떻게 방지할 것인지 보여주어야 한다. '대응 방안 효과 분석'에서는 이 대응 방안의 효과가 어떻게 측정될 수 있는지 설명한다. 대응 방안의 효과가 명확하게 나타나지 않는다면, 다른 대안을 제안해도 좋다. '후속 조치'에는 문제가 어떻게 해결되고 문제의 재발이 어떻게 방지될 수 있는지 묘사한다.

동시 공학은 제조업 분야에서 활발하게 활용되어 제품의 개발 기간을 획기적으로 줄이는 역할을 해왔다. 제품의 설계, 제조 및 사후 지원 업무를 통합하여 동시적으로 설계하는 체계적인 접근 방식인데, 이를 건설 분야에 적용하는 경우 기존의 설계 완료 이후 시공이 진행되는 순차적인 프로세스에서 탈피하여 작업을 중첩시키게 된다. 즉 [그림 2.10]의 예에서 보듯이 각 선행 작업과 후행 작업이 중복되면서 동시에 병행하여 진행되기 때문에, 결과적으로 공기를 단축시킬 수 있다. 선행 작업에 투입되는 예산을 고려하여 후행 작업의 공사 범위가 정해지기 때문에 프로젝트 비용 또한 절감된다. 예를 들어, 지반 공사는 설계는 완료되고 다른 설계가 진행될때, 이미 지반 공사가 시작되면 공기를 크게 개선하고 프로젝트 전체의 불확실성을 줄일 수 있는 효과까지 가져올 수 있다. 기존의 순차적인 방식과는 달리 설계 단계와 시공 단계의 긴밀한 협력이 필요하며, 설계와 시공 정보의 공유를 바탕으로 한 의견일치가 뒷받침되어야 한다.

IPD에서 설계 단계의 의사 결정은 다양한 관점과 이해 관계를 가진 참여자가 개입하는 다차원적인 과정이다. 따라서 다기준 의사 결정(Multicriteria decision-making system)이 수행되어야 한다. 장점 기반 선택(CBA, Choosing by advantages)은 다기준 의사 결정의 대표적인 방법론으로 여러 대안들의 장점을 비교 분석하여 의사 결정을 돕고, 프로젝트 참여자의

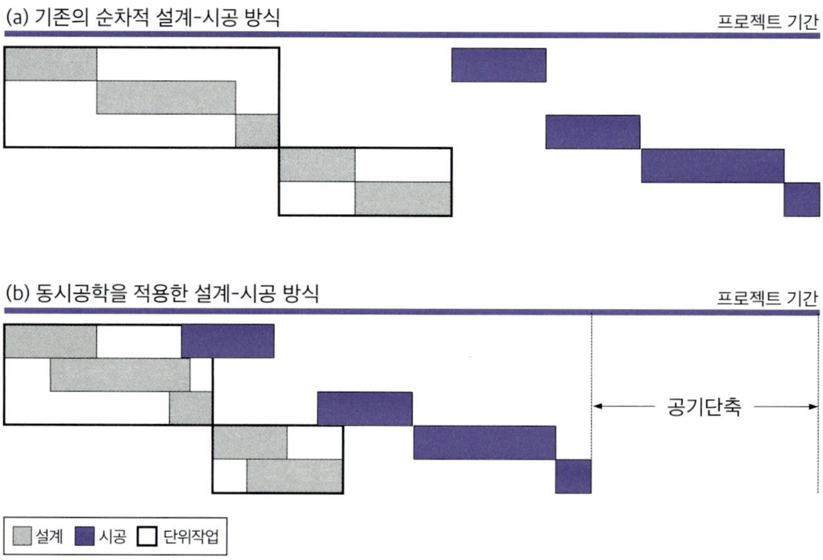

[그림 2.10] 기존 순차적 설계-시공 방식과 동시 공학의 비교[18]

적극적인 협력을 바탕으로 투명한 환경을 조성할 수 있도록 한다. CBA는 (1)대안의 정의, (2)요소 정의, (3)기준 정의, (4)각 대안의 속성 정의, (5)각 장점의 중요도 결정, (6)비용 분석, 이런 순서로 진행된다. 간단하게 말하자면 각 설계 대안의 장점을 설정하는 단계를 거친 후에 대안 중 프로젝트의 목표와 가장 부합하는 최적의 설계 대안을 선택하는 과정이다. 이 과정에서 프로젝트 참여자들이 설계 대안들의 속성과 장점을 더 깊이 이해하게 되면서 이전에 고려되지 않았던 새로운 대안이 탄생하기도 한다. CBA 프로세스의 결과는 A3 보고서에 기재한 후에 최종 설계안에 반영하도록 한다.

TVD의 철학

TVD를 위해 가장 중요한 점은 팀에게 가치를 가져오는 실현 가능한 목표를 설정하는 것이다. 달성이 너무 쉬운 목표를 설정하면 상대적으로 적은 노력을 투자하고 성취감을 가져올 수는 있으나, 프로젝트 전체 관점에서는 그다지 큰 가치를 가져오지 못한다. 반대로 달성이 너무 어려운 목표를 설정하면 프로젝트 팀에게 동기부여가 어려울 수 있다. 프로젝트 목표를 설정하기 위해서는 다음 [표 2.6]의 각 항목을 고려해야 한다.

University of California Medical Center, Mission Hall(4장 'IPD 대표 수행 사례' 참고) 프로젝트에 참여한 설계, 시공 관리자인 스튜어트 에크블래드(Stuart Ecckblad)는 해당 프로젝트에서의 목표 가치 중심 설계 경험에 대해, 프로젝트 참여자들이 공동으로 세부 목표를 정하고 각 세부 목표에서 비용에 영향을 주는 요인을 정의하는 것이 중요하다고 말한다. 예를 들어, 공사에서 큰 비용을 차지하는 설비 배관에서 비용을 줄이는 것을 세부 목표로 설정하고 나서, 더 나은 단열 시스템을 써서 배관의 길이를 줄이거나 설치에 더 용이한 것을 사용하여 결과적으로 비용을 줄이는 등의 방법을 창출해냈다.

[표 2.6] TVD 목표 설정을 위한 고려 사항[19]

목표 설정을 위한 고려 사항	설명
목표를 임의로 정해서는 안 된다	● 논리적 타당성이 있는 목표 설정 ● 프로젝트에 적합하고 프로젝트 팀과 관련된 목표 유형 설정
공동으로 목표를 정해야 한다	● 목표 달성은 프로젝트의 모든 참여자가 목표가 어떻게 설정되는가를 이해하는 것부터 시작됨 ● 목표 설정 단계부터 모든 참여자의 적극적 참여 필요
목표는 적정한 수준으로 정해야 한다	● 달성이 과도하게 쉬운 목표: 팀 전체 문화는 변화하지 않고, 혁신을 기대하기 어려움 ● 달성이 과도하게 어려운 목표: 팀원 개개인은 본인들의 수익을 보호하는 데에 집중하게 됨
전체를 최적화시키는 데에 주력해야 한다	● 목표를 정한 후, 프로젝트 팀은 본인들의 업무와 연관된 목표만을 최적화시키는 경향이 있음 ● 공종별 목표 설정을 통해 팀원 간 주고받는(Give and Take) 문화를 형성하여 이를 방지하도록 함
과정에 집중해야 한다	● 결과에 집중하기보다는 과정에 집중하는 자세를 통해 새로운 해결책 발견 가능

Cook Children's Medical Center(CCMC) IPD 프로젝트에 참여한 건설사업관리 회사의 부사장인 마크 리넨버거(Mark Linenberger) 또한 프로젝트 수행 중 TVD 경험에 대해 인터뷰했는데, 그는 목표 가치 중심 설계를 통해 비용을 줄이고 가치를 창출해나가는 과정을 '불명확한 예비비(Hidden contingency)'를 획득하는 것에 비유했다. 우리가 흔히 알고 있는 예비비는 아니지만 과거에 과도하게 추정되었던 비용을 줄여 공사에 활용할 수 있는 비용을 창출하는 것, 이것이 목표 가치 중심 설계의 철학이다.

설계 단계 시공성 계획

기존의 프로젝트 발주 방식에서도 시공성 분석 및 검토(Constructability Analysis and Review)는 발주자로부터 고용된 건설관리 회사들을 통해서 주로 이루어져왔다. 공개 입찰 전 프로젝트 설계도서와 시방서 등이 시공사 입장에서 무리가 없는지 검토하여, 시공 시 예상치 못한 설계 변경을 최소화하는 것이 가장 큰 목적이다. 하지만 기존 발주 방식에서 시공성 분석 및 검토는 대체적으로 설계도서와 시방서 초안이 완성되는 설계 마지막 단계에서 이루어진다. 미국 건설관리협회에 따르면 이러한 제한적 적용 상황에서도 시공성 분석 및 검토는 전체 프로젝트 비용을 3-5% 절감하는 효과가 있으며, 1달러 투자에 10달러의 비용 절감 효과를 보인다고 보고하고 있다.[20]

IPD 프로젝트는 주요 시공사와 협력업체들이 프로젝트 계획 단계나 초기 설계 단계에서 대부분 확정되므로, 설계 후 시공성 검토는 필요하지 않으며, 실제 시공자가 아닌 제3자 형태(건설관리)의 검토 또한 필요하지 않다. 설계가 진행될 때마다 시공을 맡게 된 시공자와 협력업체들이 검토를 함으로써 직접적인 시공성 검토가 실시간으로 이루어지므로 설계 팀에게 피드백이 주어지는 프로세스가 가능하다. 따라서 기존 프로젝트 발주 방식에서 사용되는 시공성 분석 및 검토가 아닌 설계 단계 시공성 계획(Constructability Planning)이라는 보다 적극적인 개념으로 불린다.

협업의 도구로서 기술 사용

각기 다른 역할을 하는 프로젝트 관계자들, 특히 설계사와 시공사를 효과적인 협업으로 이끌려면, 지난 20년간 급격히 성장한 디지털 기술을 결코 간과할 수 없다. 본 장에서는 협업의 도구로서 기술을 사용하는 사례 중 가상 설계 및 시공과 건설 소프트웨어에 대하여 알아보도록 한다.

BIM으로 대표되는 가상 설계 및 시공(Virtual Design and Construction)은 설계사와 시공사의 거리를 더욱 가깝게 하고, 상생하는 실제 경험을 축적하고 있다. BIM 전문가들은 BIM이 단지 건축물의 공종간 간섭 예방의 도구를 넘어 가상 공간에서 시설물의 계획, 설계, 시공을 수행하고 발주자의 시설물 관리 환경을 제시하는 도구라고 강조한다. 경험에 기반한 다수의 연구에서, 기존의 프로젝트 발주 방식은 이 원리를 적용하기에 적절치 않으며 협업을 가능케 하는 IPD와 같은 발주 방식만이 BIM의 가치를 최대화할 수 있다고 지속적으로 설득력 있게 주장한다.

가상 설계와 시공은 건설 산업 환경에 강한 변화와 충격을 주고 있다. 따라서 BIM 때문에 IPD가 활성화될 것인지, IPD의 출현으로 BIM

이 더욱 활성화될 것인지는 '닭이 먼저냐 달걀이 먼저냐'와 같이 쉽게 결론지을 수 없는 문제이다. 하지만 BIM과 IPD가 서로 공생하는 관계이며 서로의 성장을 지원하고 건설 산업의 변화를 이끄는 두 개의 큰 축임에는 틀림없다.

BIM은 착공에 앞서 건축물의 품질, 성능, 시공성 등을 시뮬레이션하여 사전에 검토할 수 있으며, 프로젝트 참여자들 간의 의사 결정을 위한 협업 도구로 사용된다. BIM 활용의 목적은 가상 설계를 통한 설계 지원, 공사 일정 최적화, 간섭 검토 및 공사 물량 검토 등이다. 궁극적으로 보자면, 시공 단계에 발생 가능한 리스크를 설계 단계에 미리 제거하기 위한 IPD의 한 도구라고 할 수 있다.

아래의 [그림 2.11]은 실제로 BIM을 건설 프로젝트에 적용한 사례이다. DAY CPM사에서는 복잡한 설비를 포함하고 있는 기계실의 BIM 모델을 시공전 설계 단계에 작성하였다. BIM 모델을 통해 실제로 시공에 들어가기 전에 가상으로 기계실을 설계해봄으로써 설비 간 간섭 여부를 확인하고, 시공성을 검토하였다. 사례와 같이 복잡한 설비를 포함하고 있어 시공상의 리스크가 큰 경우에, BIM을 적용하면 효과를 극대화시킬 수 있다.

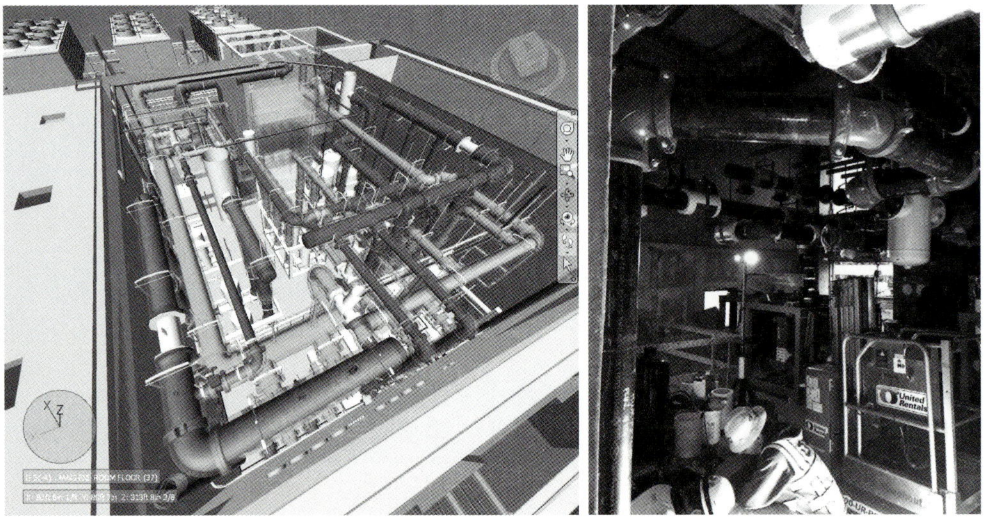

[그림 2.11] BIM을 기계실에 활용한 사례

[표 2.7] 건설 분야에서의 4차 산업혁명 키워드

4차 산업혁명 키워드	설명
서비스형 소프트웨어(SaaS)	● 건설 프로젝트의 효율성 향상 및 현장에서의 원활한 소통을 목표로 함 ● 실시간 정보 공유를 통한 일정 지연 및 재작업 방지 ● 클라우드 기반의 서비스 제공
In-factory Construction(Modularization/ Pre-fabrication)	● 기획, 설계, 시공의 비용적 측면에서 가장 효율적인 대안 중 하나로 공장에서 만들어 현장에서 조립하는 것
인공지능 및 데이터	● 빅데이터를 기반으로 현재, 미래에 대한 가이드라인 수립

BIM뿐만 아니라 다양한 소프트웨어들이 IPD 참여자들 간의 협업을 활성화시키는 데 크게 기여하고 있다. 4차 산업혁명은 모든 산업에 많은 변화를 일으키고 있고, 지금도 각 산업 분야에서는 4차 산업혁명 기술을 활용한 다양한 시도가 펼쳐지고 있다. 4차 산업혁명의 주요 기술 트렌드는 서비스형 소프트웨어(SaaS, Software as a Service), In-factory Construction(Pre-fabrication/ Modularization), 인공지능 및 데이터 등이 있다. ([표 2.7]) 건설 분야에서의 4차 산업혁명 기술은 타 분야에 비해 느리게 적용되고 있는 것이 현실이나, 생산성 향상을 위한 다양한 기술 도입이 검토되고, 또한 시도되고 있는 중이다.

건설 소프트웨어 시장은 2023년까지 연평균 성장률 8.8%를 보이며, 27억 달러 규모의 성장이 예상된다.[21] 건설 소프트웨어 시장은 지속적으로 성장하는 추세이며, 주요 발전 추세로는 프로젝트 전체를 통합 관리하는 프로젝트 포트폴리오 관리, 재무적 측면의 프로젝트 통합 관리, 발생한 이슈 사항을 지속적으로 모니터링하고 적용하는 이슈 트래킹 관리를 들 수 있다.([표 2.8]) 건설 소프트웨어를 활용하여 표준화된 템플릿으로 수많은 공사 관련 문서의 기능을 간소화하고 클라우드 기반 플랫폼에 보관함으로써, 접근성과 관리 용이성을 향상시킬 수 있다. 또한 변경 사항을 공유하여 현재 진행 중인 공사에 즉시 반영하고, 효율적인 전달을 통해 실시간 정보 공유가 이루어지고, 의사 결정 시간을 절약하는 것이 가능해진다.

[표 2.8] 건설 분야 소프트웨어의 주요 트렌드

소프트웨어 분야	설명
프로젝트 포트폴리오 관리 (Project Portfolio Management)	● 업무 수행의 표준화 및 매뉴얼 제공 ● 정보, 프로젝트 일정 계획 및 관리 ● 일정 관리 및 업무의 효율성 향상 ● 효과적 관리를 통한 위험 감소, 변경 사항 최적화하여 반영 ● 기록 저장 및 관리, 자료 공유, 접근성 향상
통합 견적 관리 (Integrated Construction Estimation)	● 재무적 측면에서의 프로젝트 운영 통합 ● 계약서 작성 및 변경, 운영 및 업무 계획 수립, 인력 관리 등 프로젝트 관리 기능 제공
이슈 트래킹 관리 (Issue Tracking Management)	● 모든 이슈 사항 처리 및 관리 ● 계약 관리, 재무, 업무 관리, 모든 이슈 사항에 대하여 명확한 작업 흐름 적용 및 관리

프로젝트에 적합한 건설 소프트웨어를 선택할 때에는 소프트웨어에 사용 가능한 예산(운영 관리, 유지 관리를 위한 추가 비용 또한 고려), 인터페이스 및 편의성, 실시간 업데이트와 프로젝트 관련 정보 공유의 가능 여부, 다른 프로그램과의 호환성 및 확장성, 기술 지원 및 소프트웨어 관련 교육 등 주기적인 관리 점검 여부, 모바일 기기 지원 및 접근성, 자료의 정확성 및 명료한 업무 지시 가능 여부, 데이터 보안 및 정보 공유의 안전성, 프로그램의 인지도 등을 고려해야 한다.

대안 공정 계획법(Alternate Scheduling Methods)

건설 프로젝트는 다수의 다양한 공정으로 이루어져 있기 때문에 공정 계획은 무엇이(What), 언제(When), 어떤 자원을 활용하여(How) 이루어져야 하는지를 정하는 형식으로 구성된다. 바 차트(Bar Chart)와 주공정법(CPM, Critical Path Method)으로 대표되는 건설 프로젝트 공정 계획법은 기본적으로 하향식(Top-Down) 형태로 어떤 공사 항목이 언제 끝나야만 하는지(SHOULD)를 보여주는 공정 계획 및 관리 도구로 발전해왔다. 하향식 형태이다 보니 프로젝트 공정의 마스터플랜(Masterplan)을 보여주는 데 매우 효과적이다. 하지만 어떤 공사 항목이 실제로 언제 끝날 수 있는지(CAN)를 보여주는 면에서는 매우 취약한데, 그 이유는 실질적으로 공사 항목을 담당하는 협력업체나 주요 장비 및 설비업체들이 직접적으로 공정 계획 및 관리에 참여하고 피드백을 받는 메커니즘이 매우 약하고, 프로젝트 매니저는 작업 인력들의 작업 능력을 과다 평가하고 과도한 업무를 할당하는 경향이 있기 때문이다. 실제로 공정관리 실패 원인의 54%가 프로젝트에 참여하는 다양한 협력업체들의 작업 흐름(Workflow)과 공정 관리를 통한 생산성 향상의 이해 부족에서 온다[22]는 점은 시사하는 바가 크다.

대안 공정 계획법으로 떠오른 라스트 플래너 시스템(The Last Planner System)은 상향식(Bottom-up) 형태의 공정 계획 및 관리법으로, 사전 작업 공정(SHOULD) – 작업 선정(CAN) – 선정된 작업 공정(WILL) – 완료된 작업 공정(DID)이라는 4단계의 틀을 통해 마스터플랜부터 각 공정의 완료까지 놓치지 않고 추적할 수 있는 시스템으로, 인력과 자원에 대한 현실적인 할당량을 계획하고 실현시키기 위한 것이다. ([그림 2.12])

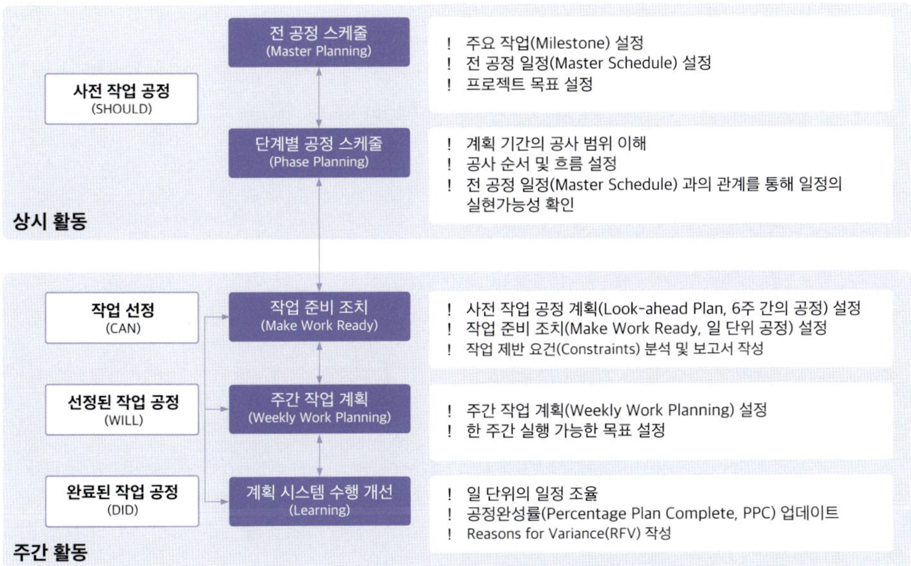

[그림 2.12] 라스트 플래너 시스템(The Last Planner System) [23]

이 시스템의 가장 큰 특징은 상향식(Bottom-up)으로, 각 공정의 시공 담당자가 직접 공정 계획부터 참여하여 공정 계획의 불확실성을 크게 줄이는 동시에, 이에 대한 책임을 지는 형태로 강력한 동기 부여를 심어 줄 수 있다. 즉 하향식(Top-down)으로 대표되는 중앙 집중식 공정 계획이 아닌 프로젝트 참여자가 다 같이 공정 계획에 참여하는 분산된 방식이라 할 수 있다. 이는 프로젝트에 참여하는 협력업체들에게 일종의 권한과 자율권을 주며, 책임 의식과 사명 의식을 자연스럽게 부여하는 순기능이 있다. 또 하나의 장점은 각 협력업체, 장비 및 설비 업체들의 작업 흐름이 간섭되는 부분이나 각기 다른 생산성이 공기에 미치는 영향 등을 미리 알아내 조정할 수 있다는 점이다.

라스트 플래너 시스템은 전 공정 스케줄(Master Planning), 단계별 공정 스케줄(Phase Planning), 작업 준비 조치(Make Work Ready), 주간 작업 계획(Weekly Work Planning), 계획 시스템 수행 개선(Learning)으로 구성된다.

전 공정 스케줄은 프로젝트의 진행 속도를 측정하는 중요한 지표이며, 시공사의 입찰과 같은 큰 단위의 작업으로 구성된다. 계약서에 제공된 초기 정보에 기반하여 결정하는, 불확실성을 내재하고 있는 주요 작업이다. 전 공정 스케줄은 프로젝트의 실현 가능성과 공기를 확립하는 데에 활용되는데, 논리적인 공사 진행 순서에 따라 작업이 정해지고 각 공정들의 순서와 각각에 소요되는 시간에 따라 전체 공기가 결정된다. 각 공정에 소요되는 시간은 자원의 활용 가능성에 따라 조절된다. 예를 들어 철근 콘크리트 공사에서 철근 보강을 위해 필요한 시간이 철근공의 숫자와 그들의 능력 및 작업 효율 등에 따라 조절이 되는 형식이다. [그림 2.13]은 전 공정 스케줄 주요 작업 표시를 위한 예시로서, 주로 다이아몬드 모양의 접착식 메모지가 많이 사용되며, 윗부분에는 주요 공정명을 표기하고 아래 부분에는 공사 목표일을 적게 된다.

단계별 공정 스케줄은 전 공정 스케줄과 더불어 프로젝트 참여자들이 일정한 작업 속도로 진행할 수 있도록 하는 중요한 단계로, 지반 공사, 구조 공사, 내부 마감 등의 일정이다. 프로젝트 참여자 및 이해관계자가 모두 참여하여 각 작업의 규모, 복잡성 등을 고려해 작업을 세분화하여 논리적인 순서와 흐름을 결정한다. 이 과정에서 사용되는 기법이 라스트 플래너 시스템에서 가장 중요한 부분 중 하나로, 전 공정 스케줄이 정해진 후, 작업 준비 조치(작업 선정-CAN 부분)를 만들 때 사용되는 풀 플래닝(Pull Planning) 기법이다.

이는 한쪽 벽면에 프로젝트 참여자 및 이해관계자들이 모두 모여 주요 지표를 기점으로 시간을 거슬러 올라가며 세부 공정 계획을 완성하는 것이다. 각 협력업체 또한 이 과정에 참여하게 되는데, 이들이 실제 이행 가능한 공정을 정하고 다 같이 참여하게 되므로, 공정상 간섭되는 부분과 인력 및 자원 투입에 관한 실질적인 정보를 획득할 수 있게 되어, 공정 실패 확률은 줄어들고 참여자들의 만족도는 높아진다.

풀 플래닝(Pull Planning) 회의는 a)이해관계자가 프로젝트 참여자를 알 수 있도록 전체 참여자를 소개하고, b)인력, 자원, 현재 진행 상황 등 모든 프로젝트 정보가 이용 가능한지 확인하고, c)점착식 메모지를 활용하여 당기는(Pull) 접근 방법을 활용하여 일정을 조율하고, d)협업 아이디어를 생성시키고, e)공정 전체 흐름을 함께 정의하고, f)문서화 및 검토를 하고, g)미세하게 일정을 조절하는 순서로 이루어진다. 풀 플래닝 회의에는 반드시 각 팀의 의사 결정권자가 참여하여야 하며, 각자 자기 팀 이외의 점착식 메모지는 절대로 건드리지 않는 것이 원칙이다. [그림 2.14]는 단계별 공정 스케줄을 만들 때 주로 사용되는 사각형 모양의 접착식 메모지에 적게 되는 세 가지 주요 내용을 보여준다. 윗부분에는 작업명을 적고, 아래 왼쪽 부분에는 작업 소요 시간을, 오른쪽 부

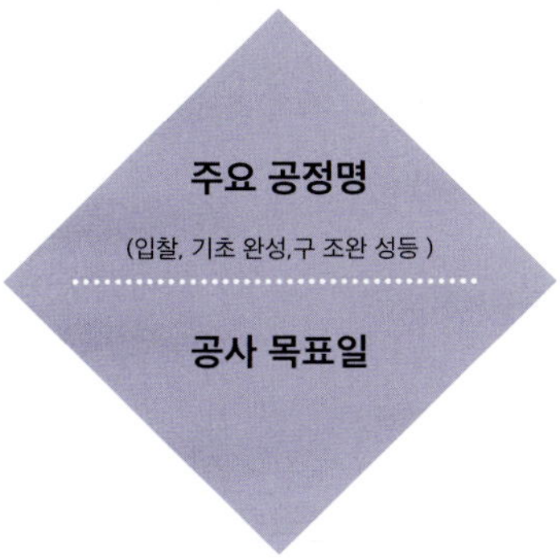

[그림 2.13] 전 공정 스케줄 주요 작업 표시 예시

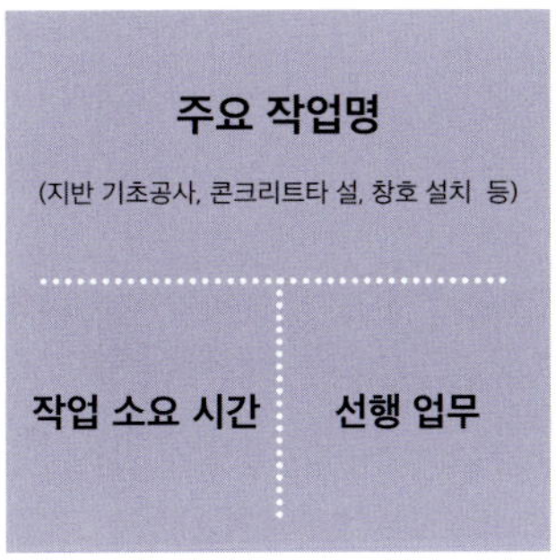

[그림 2.14] 단계별 공정 스케줄 주요 작업 표시 예시

분에는 선행 업무를 명시하게 되어 있다. [그림 2.15]는 실제 풀 플래닝 사례를 보여주고 있다.

사전 작업 공정 계획은 전 공정 스케줄과 단계별 공정 스케줄로부터 파생된 6주에서 8주간의 작업 계획으로, 작업 흐름을 조절하는 데 쓰인다. 사전 작업 공정 계획은 자원의 활용성을 고려하여 전 공정 스케줄을 적절한 위치에 배치하는 것으로부터 나오는 작업으로, 풀 플래닝을 통해 당겨진 아이템을 사용한다. 사전 작업 공정 계획은 작업 흐름과 이들에게 소요되는 자원의 할당량을 설정하고, 백로그(Backlog, 잔량)를 생성하고, 상세한 일정을 준비한다.

이때 공정 계획을 관리하는 관리자는 발주자, 설계사, 협력업체 등으로부터 공정에 영향을 줄 수 있는 영향 요소를 확인하고 각 공정에서 필요로 하는 자원을 계산하여 공정을 확정한다. 프로젝트 참여자들은 이어지는 주에 할 일을 사전에 검토하여 자신들의 작업이 전체 공정을 방해하는 제반 조건이 되지 않도록 해야 한다. 만약에 미완료된 사전 작업이 있거나, 인력, 장비 등 자원이 부족하거나, 정보요청서가 미흡하다면 후속 작업은 다시 한번 신중하게 논의될 필요가 있다. 사전 작업 공정 계획의 항목은 관리 가능한 규모로, 측정이 쉽고 제반 조건이 없는 것들로 구성되어야 한다.

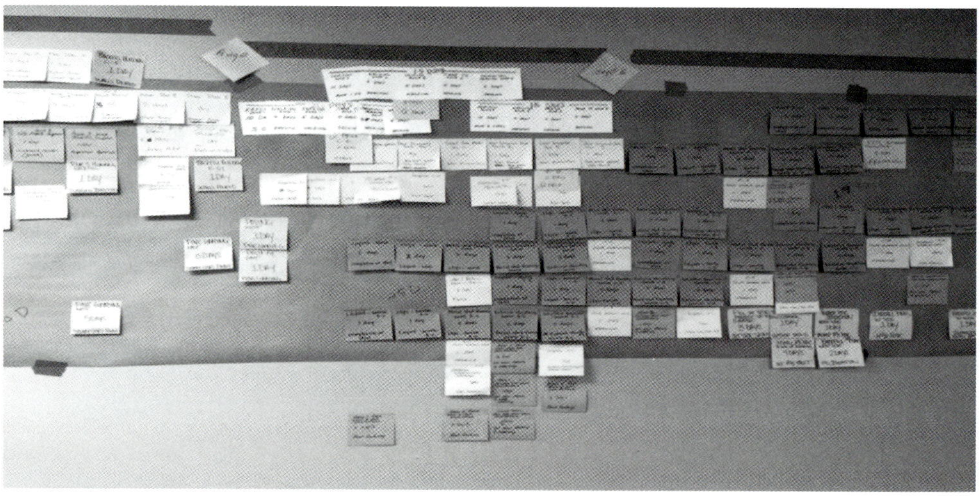

[그림 2.15] 풀 플래닝(Pull Planning) - 실제 사용 사례

사전 작업 공정 계획이 완료되었다면, 이를 기반으로 주간 작업 계획을 만든다. 주간 작업 계획은 각 단계 사이의 상세한 작업 계획으로, 라스트 플래너(Last Planner) 와 다양한 참여자들 사이의 회의를 통해 매주 업데이트 된다. 사전 작업 공정 계획으로부터 당겨진 항목과 할당량을 상세하게 기록하여 완료 일자를 맞출 수 있도록 한다. 주간 작업 계획을 위한 회의는 지난주에 완료된 작업(DID)과 다음주에 작업할 항목(WILL)을 검토하기 위해 개최된다. 이 회의는 작업 진행에 있어 매우 필수적인 부분으로 모든 협력업체를 비롯한 프로젝트 참여자가 열린 자세로 의사소통을 해야 한다. 이때 논의되어야 하는 내용은 실제 공정, 현장의 조건, 안전, 시공법, 인력, 인력의 효율 등이다. 주간 작업 계획 회의는 다음주에 무엇이 행해져야 하는가를 강조하는 방향으로 진행되는 것이 바람직하고, 불확실성이 예측된다면 여유를 두어 전체 공정에 영향을 주지 않도록 한다.

계획 시스템 수행 개선은 공정 진행 상황을 주기적으로 업데이트하는 것으로 일주일간의 작업 진행 정도를 백분율화하는 PPC(Percent Plan Complete), 사전 작업 공정 계획에서 정의된 주간 작업 계획의 항목인 TA(Task Anticipated) 등의 정보를 업데이트한다. 변동 사항이 생겼다면 근본 원인을 분석하고 주요 실패 요인에 대해서는 별도로 데이터베이스를 구축하기도 한다.

전통적인 발주 방식에서 공정 관리의 성패는 건설사업관리자의 경험과 역량에 따라 좌우된다 해도 과언이 아니다. 전 공정 스케줄은 종종 경험을 토대로 한 추측으로부터 파생되며, 이러한 방식은 다수의 낭비를 발생시키고 불확실성이 크다는 한계가 있었다. 전 공정 스케줄이나 주공정(Critical Path) 일정을 맞추는 데에 있어 작업자들을 바라볼 때 목표를 이루기 위해 신축성이 있다는, 즉 능력치 이상의 일을 할 수 있다는 낙관적인 관점이었기 때문에, 공정 계획의 신뢰성이 30-60%의 낮은 수준에 머물기도 했다. 라스트 플래너 시스템은 작업 흐름의 신뢰성을 증진시키기 위해서 단계적 접근법을 활용한다. 자원의 공급과 수요를 매치하여 공정을 개선하고 더 높은 공정 계획의 신뢰성을 확보할 수 있는 공정 계획법이라 할 수 있다.

지속적인 개선 활동(Continuous Improvement)

건설 프로젝트 발주 방식의 궁극적인 목적은 프로젝트 전 과정에서 불필요한 낭비를 줄이고 생산성을 향상시키는 데 있다. 훌륭한 성과를 보이는 팀은 프로젝트를 진행하며 지속적인 개선 활동을 수행하기 마련이다. 자신들의 현재 프로젝트 진행 방식에 있어 지속해야 하는 부분과 개선이 필요한 부분 등을 스스로 인식하고 더 나은 절차를 추구하는 것이 지속적인 개선 활동이다. 다음에서는 지속적인 개선 활동으로 계획-실행-점검-조정(PDCA, Plan-Do-Check-Adjust), 플러스-델타 분석(Plus-Delta Analysis), 5 Whys를 설명하도록 한다.

- 계획-실행-점검-조정(PDCA)

PDCA는 계획-실행-점검-조정의 네 단계로 구성된 지속적인 개선 활동을 지원하는 피드백 사이클이다. PDCA는 2차 세계대전 이후 일본에서 이 개념을 소개한 에드워드 데밍(W. Edward Deming)의 이름을 따서 데밍 사이클(Deming Cycle)이라고도 하며, 프로세스 변경 제안, 구현, 예상되는 결과 측정, 이들의 필요성을 고려한다.([그림 2.16])

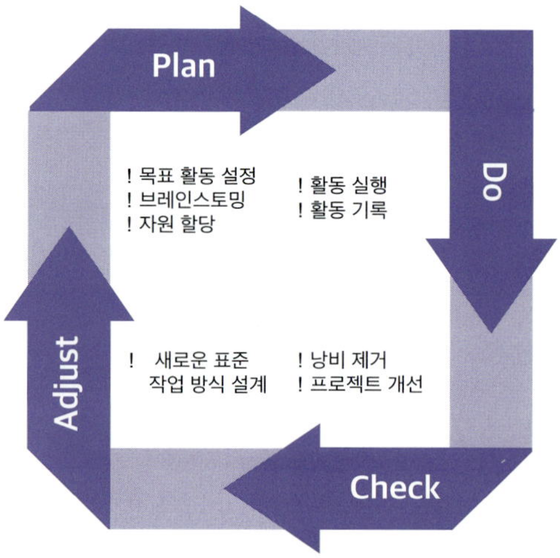

[그림 2.16] 계획-실행-점검-조정 사이클(데밍 사이클)

계획(Plan) 단계에서는 작업의 표준화 및 불필요한 낭비 제거를 위한 목표 활동을 설정한다. 이 단계는 이상적으로 반복적인 활동을 보이거나, 프로젝트에 많은 위험을 내재하고 있는 활동 등으로 목표를 설정하고, 선택한 활동에 가장 효과적으로 적용될 수 있는 방법에 대한 브레인스토밍을 진행하며, 안전, 품질, 생산성 등을 고려하여 인력, 도구, 장비 및 재원을 올바르게 할당한다.

실행(Do) 단계에서는 앞선 계획 단계를 실행에 옮긴다. 활동이 진행되는 동안 비디오 녹화 등을 통해 해당 활동에서 작업자가 어떤 행동을 하는지에 대해 전체 주기를 기록하는 것 또한 좋은 방법이다.

점검(Check) 단계에서는 계획 단계를 수행한 프로젝트 참여자를 중심으로 낭비 제거 및 프로젝트 개선을 위한 방법을 생각하고, 앞서 실행 단계에서 기록한 정보를 토대로 활동을 가치 있음(Value), 가치 없음(Non-Value), 낭비(Waste)로 구분한다.

마지막으로 **조정**(Adjust) 단계에서는 앞선 단계의 모든 아이디어를 모아 새로운 표준이 될 작업 방식을 설계한다. 이는 개선 과정에 기술을 포함시킴으로써 프로젝트에 혁신을 도입하는 가장 좋은 방법 중 하나이다. 이때 무엇보다 중요한 것은, 작업 방법을 직접 설계하고, 문제를 해결하고, 개선하는 데 각자가 큰 역할을 하고 있다는 점을 참여자들이 인지하게 하는 것이며, 이 과정을 통해 프로젝트 참여자들이 자유롭게 아이디어를 개발하고 공유하는 환경을 갖게 된다.

● 플러스-델타 분석

생산적인 회의를 위한 방안으로 플러스-델타 분석(Plus[+]-Delta[Δ] Analysis)을 활용할 수 있다. 플러스-델타 분석은 회의 마무리 단계에 10분 정도를 투자하여 프로젝트 팀에게 가치를 창출한 항목, 그 항목을 효과적으로 반복하고 유지하여 더 큰 가치를 창출하기 위한 방법(Plus)과 프로젝트 팀의 발전 방향, 더 큰 가치를 창출하기 위한 변화의 방향(Delta) 등에 대하여 간략히 의

견을 나눈다. 플러스-델타 분석을 활용하여 수시로 회의를 진행함과 동시에 다수의 데이터를 축적함으로써, 장기적인 관점에서 팀의 발전을 도모할 수 있다. 목표를 상기시키거나 팀 내에 새로운 목표를 만들고자 할 때 유용하다. [그림 2.17]은 일반적 플러스-델타 양식을 보여주는 예인데, 플러스와 델타를 기록하고 필요할 경우 Follow-up을 위한 안건을 기록할 수 있다.

델타 항목이 발생할 경우, 프로젝트 팀은 이를 특정 개인에게 할당한다. 그 개인은 델타를 완벽하게 식별하고 조정하기 위해 최선을 다해야 하며, 프로젝트 팀은 남은 기간 동안 지속적인 개선 노력을 기울여야 한다.

Plus(+)	**Delta**(Δ)
(잘 진행되고 있고 반복되어야 하는 항목)	(프로젝트 팀이 발전시키고 개선할 수 있는 항목)
To-do for tomorrow: (지속적인 개선을 위한 다음 의제)	

[그림 2.17] 플러스-델타 분석 시트(Plus-Delta Analysis Sheet)

플러스-델타 분석에서는 팀원 전체의 참여를 독려할 필요가 있으며, 플러스와 델타의 항목은 실제로 실현 가능한 범위 내로 정하고, 실행된 후에는 반드시 검토하는 과정이 필요하다. 이때 델타는 프로젝트 팀에게 부족한 부분이 아니라, 발전 가능성이 있는 부분이라는 점을 명심해야 한다. 플러스-델타 분석을 통해 빠르고 간단하며 후향적인(Retrospective) 회의를 이끌어 나갈 수 있으며, 반복적인 작업을 지속적으로 효율화할 수 있다. 또한 팀원들은 시간 활용을 개선하는 능력을 기를 수 있고,

다른 팀원과의 생산적인 회의를 통해 상호 존중을 보여줌으로써 결과적으로 팀원 간의 신뢰도를 향상시키는 데 효과적이다.

- 5 Whys

또 다른 지속적인 개선 활동으로 5 Whys가 있다. 예측되는 결과가 팀이 원했던 결과와 다를 경우, 이를 진정으로 이해하기 위해 5 Whys라는 프로세스를 구현한다. 이 과정은 왜 이런 활동이 일어났는가에 대해 매번 5번씩 질문한다.([그림 2.18]) 문제가 발생했을 시에 원인이 무엇인지에 대해 생각을 점점 좁혀나가 근본적인 원인을 찾아내는 과정이다. 이 과정의 목표는 문제의 증상만이 아니라, 문제의 원인에 대한 근본적인 치료를 다루는 데에 있다.

예를 들어 다음은 5 whys의 간단한 예이다.

- Round 1. 왜 기계가 작동하지 않았는가? 회로가 과부하되었기 때문에
- Round 2. 왜 회로가 과부화되었는가? 윤활유가 충분하지 않았기 때문에

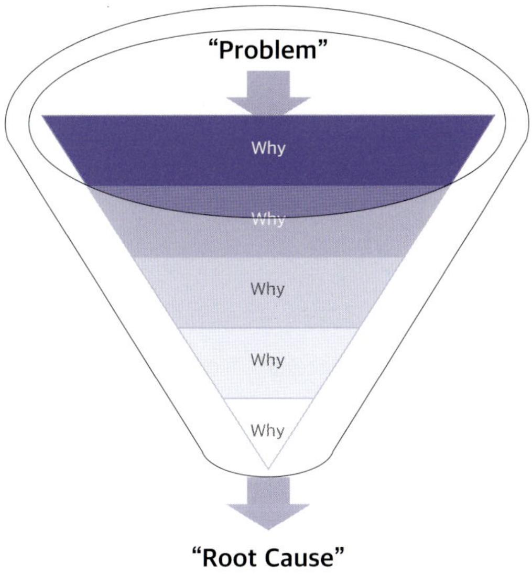

[그림 2.18] 5 Whys의 원리

- Round 3. 왜 윤활유가 충분하지 않았는가? 기계의 오일 펌프가 윤활유를 충분히 순환시키지 못했기 때문에
- Round 4. 왜 펌프가 윤활유를 충분히 순환시키지 못했는가? 펌프 흡입구가 금속 파편으로 막혔기 때문에
- Round 5. 왜 펌프 흡입구가 금속 파편으로 막혔는가? 펌프에 필터가 없기 때문에

위의 예시에서 표면적인 원인만을 파악할 경우, 회로의 과부하를 방지하기 위한 대책을 마련할 것이다. 그러나 5 Whys를 통해 근본 문제를 파악하면, 기계의 오일 펌프에 필터를 설치하여 추후 같은 문제가 발생하는 것을 막을 수 있게 되어, 문제를 영구히 제거할 수 있게 된다.

프로젝트 참여자들을 계약으로 묶으면, 이들에게 협력할 동기를 제공하게 된다. 그러나 이 과정이 곧바로 높은 수준의 협력과 협력을 통한 프로젝트의 성공을 의미하는 것은 절대 아니므로, 이 점을 명심해야 한다. 기존에 프로젝트에서 발생하였던 참여자들 간의 틈을 메우고, 소통의 속도를 높이고, 재작업을 줄이는 지속적인 노력을 통해 팀원 간의 협력적인 분위기를 조성할 수는 있다. 린 운영 체제를 적극 활용하여 협력적이고 서로 공생하는 환경이 조성될 때 비로소 진정한 프로젝트 성공을 향한 길이 보일 것이다.

IPD용 표준 계약서의 종류

IPD를 프로젝트에 적용하기 위해서는 기존의 프로젝트 발주 방식과는 다른 특별한 계약서가 필요하다. 현재 미국과 캐나다에서 널리 사용되고 있는 IPD용 표준 계약서를 중심으로 그 특징을 살펴보는 일은, 앞으로 IPD 프로젝트에 관심 있는 발주자 및 설계사와 시공사에 큰 도움이 될 것이다. 미국과 캐나다에서 사용되고 있는 IPD용 표준 계약서는 크게 세 종류가 있다.

a) ConsensusDocs 300: IPD용 표준 3자 계약서(Standard Three Party Agreement for Integrated Project Delivery),

b) AIA C191: IPD용 다자 계약서(Multi-party Agreement for Integrated Project Delivery),

c) 맞춤 작성된 IPD용 다자 계약서

세 종류 계약서의 특징과 차이점을 검토해보기로 한다.

주의할 점은 ConsensusDocs 300이나 AIA C191을 IPD 프로젝트에 사용하더라도, 발주자나 설계사, 시공사 모두 프로젝트 상황과 현실에 맞게 건설 전문 변호사들의 충분한 검토를 거쳐 적절히 수정할 필요가 있다는 것이다. 특히 IPD에 대한 경험이 없거나 부족하다면 과연 IPD를 적용하는 것이 괜찮을지 충분히 고민하고, 계약 조항들을 검토하고 수정하는 과정이 반드시 필요하다. 또한 다자 계약을 하기에 앞서 충분히 각자의 역할, 업무, 서비스에 대한 보상 체계, 프로젝트의 주요 의사 결정 과정, 서로 다른 의견이 발생했을 경우 대응하는 절차 등에 대한 토의와 동의가 충분히 이루어진 후에 적절한 계약서를 찾거나 만들어가는 과정이 매우 중요하다.

ConsensusDocs 300: IPD용 표준 3자 계약서(Standard Three Party Agreement for Integrated Project Delivery)

ConsensusDocs 300 은 2007년에 건설 시장에 나온 최초의 IPD용 표준 계약서이다. 2007년 이전에는 각 프로젝트의 특성에 맞추어 주문 제작하는 형식으로 IPD 계약서가 건설 전문 법률회사를 통해 작성되었는데, 최초의 IPD 프로젝트로 여겨지는 서터 헬스의 IPD 프로젝트에 참여한 변호사들이 ConsensusDocs 300을 만드는 데 참여한 관계로 초기 IPD 계약서는 서터 헬스의 IPD 계약서와 유사한 특성을 보인다.

ConsensusDocs 300은 기본적으로 다자 계약서가 아니고 3자 계약서이다. 즉 발주자, 설계사, 시공사 3자가 계약에 참여하는 형식이다. 이 계약서에서는 주요 협력업체와의 적극적인 협력을 강조하지만 이들을 계약에 참여시킬 방법은 제시하지 않는다. 따라서 시공사와 다양한 협력업체와의 계약은 전통적인 총액(Lump Sum) 기반이나 고정 금액 형태의 독립적 계약으로 이루어진다. 하지만 프로젝트 성공 여부에 중요한 영향을 미치는 주요 협력업체를 프로젝트 초창기부터 참여시키고, 계약적으로 한 팀으로 묶고자 한다면, ConsensusDocs 300 표준 계약서를 수정하거나 AIA C191과 같은 표준 계약서로 시작하는 것이 바람직하다.

ConsensusDocs 300은 서터 헬스 IPD 프로젝트의 계약서에서 출발한 까닭에 린 설계 및 시공 원리들이 여럿 등장하는 특징이 두드러진다. 예를 들어 기본 설계 과정 중에 프로젝트 전체 공기가 결정되는 것을 목표로 하며, 이때 풀 플래닝(Pull Planning) 사용을 기본으로 하고 있다. 설계가 상당 부분 진행(실시 설계 마지막 단계)되었을 경우, 발주자, 설계사, 시공사가 같이 프로젝트 목표 공사비 추정(PTCE, Project Target Cost Estimate)을 하게 된다. 기본 설계가 끝나고 실시 설계 과정 중에 다양한 아이디어와 시공성을 적극적으로 고려하여 매우 경제적인 방법들이 고안되고 반영되면서 목표 공사비 결정 시점이 매우 늦어지기 때문에, 시공 단계에서의 공사비 절감 및 공기 단축 가능성은 더 일찍 목표 공사비 추정치가 정해지는 AIA C191에 비해 상당히 낮다고 볼 수 있다. 하지만 발주자 입장에서 보면, 설계 마지막 단계에 프로젝트 물량과 비용에 대한 확실성이 높은 상태에서 목표 공사비 결정이 이루어지므로, 이른 설계 단계에 프로젝트 불확실성이 높은 상태에서 발생할 수 있는 설계사와 시공사들의 비용 부풀림을 예방할 수 있다는 장점이 있다.

ConsensusDocs 300은 설계사와 시공사의 업무와 서비스에 대한 지불 방법 면에서는 기존의 계약과 크게 다르지 않다. 실비 정산(Cost Reimbursable) 형태로 지불하고 고정 이윤(Fixed Fee)을 추가로 지불한다. 설계사의 지연으로 시공이 지연될 때, 시공사는 지연 부분에 대해 보상을 받을 수 있고 그 반대의 경우도 마찬가지다. 따라서 설계사와 시공사 간의 협력과 협동이 매우 중요한 메커니즘으로 작용하게 된다. 여기에는 프로젝트 성과 인센티브를 포함할 수 있는 항목이 존재한다. 따라서 목표 공사비 대비 비용이 절감될 경우, 계약서에 명시된 대로 발주자, 설계사, 시공사가 비용 절감 부분을 나눠가지게 된다. 하지만 목표 공사비 결정이 설계 마지막 단계에 이루어진다는 점을 기억할 필요가 있다. 대부분의 비용 절감은 실시 설계 단계에서 주로 발생하므로, 시공 단계에서의 비용 절감은 그리 크지 않을 수 있다.

기본 계약서에는 프로젝트 성과 인센티브 부분을 설계사나 시공사가 잃을 수도 있다는 것을 별도로 규정하고 있지는 않지만, 융통성 있게 계약서에 추가할 수 있다. 계약서 내에 기대치에 못 미치는 성과가 발생할 시 설계사와 시공사가 인센티브를 잃을 수 있다는 항목을 넣는다면, 설계사와 시공사에게 큰 동기 부여가 될 수 있다.

ConsensusDocs 300은 법적 책임(Legal Liability) 측면에서 기존 계약서처럼 서로 법적 책임을 지게 할 수 있는 항목의 선택이 가능한데, 이 경우 더 이상 순수 IPD는 아니다. 이 항목을 선택하지 않을 시, ConsensusDocs 300에서는 프로젝트에 문제가 발생할 경우 발주자, 설계사, 시공사 대표로 이루어진 프로젝트 관리팀에서 공동으로 공평하게 해결하며, 이 단계에서 실패할 경우 조정(Mediation), 그리고 그 다음 단계인 결속력 있는 중재(Binding Arbitration)를 마지막으로 진행하게 된다. 따라서 법정 공방으로 가는 재판은 원천적으로 가능하지 않으며, 이 이유로 프로젝트 참여자들 간 공동으로 문제 해결을 도모하는 환경이 조성된다.

AIA C191: IPD용 다자 계약서(Multi-party Agreement for Integrated Project Delivery)

AIA(American Institute of Architects)는 2009년 IPD용 다자 계약서 C191[ix]을 발간했다. 그 이전에 C195라는 IPD용 계약서가 있었지만, 이는 기본적으로 임시 유한 회사(Limited Liability Company)를 세우는 것과 다르지 않고, 현재에는 거의 활용되고 있지 않기 때문에 본서에서는 생략하기로 한다. AIA C191이 ConsensusDocs 300과 크게 다른 점은, 다자 계약서라는 점이다. 따라서 이 계약서를 통해 주요 프로젝트 참여자뿐만 아니라 시공사의 주요 협력업체들도 프로젝트 초창기에 참여시켜 한 팀으로 묶을 수 있다. AIA C191에서는 프로젝트 발주 단계를 기존 용어들과 다르게 사용하는데, 이는 IPD의 프로젝트 진행 및 관리가 기존 프로젝트와는 근본적으로 다르고 이를 좀 더 명확히 제시하기 위해서

ix AIA C191은 aiacontracts.org에서 구매할 수 있다.

[표 2.9] AIA C191에서 정의하는 프로젝트 단계

	AIA C191	기존 프로젝트와 유사한 단계
1	개념화(Conceptualization)	기획 단계(Programming Phase)
2	기준 설계(Criteria Design)	계획 설계(Schematic Design)
3	상세 설계(Detailed Design)	기본 설계 (Design Development)
4	실행 문서화(Implementation Documents)	실시 설계 (Construction Documents)
5	관리자 검토(Agency Review)	
6	시공 구매(Buyout)	입찰 (Bidding)
7	시공 단계(Construction)	

이다. AIA C191에서 프로젝트는 다음 단계들로 정의된다.[24]

AIA C191에서는 기준 설계(Criteria Design) 단계 이후, 프로젝트 범위, 공기, 비용이 정해지는데, 이 점이 ConsensusDocs 300과 크게 다르다. 따라서 상세 설계 단계에서 설계사와 시공사의 창조성과 협동의 결과에 따라 상당한 수준의 비용 및 공기 절감이 가능하다. 이 노력의 결과가 발주자에게 공기 및 비용 절감의 혜택으로 돌아가며, 동시에 설계사와 시공사에게는 추가 이윤이라는 보상이 주어지게 되는 메커니즘이다.

AIA C191은 설계사와 시공사에 대한 지불 방식에 상당히 유연성이 있으나, 설계사와 시공사를 한 팀으로 보고 보상한다는 것과 예상 수익 전부를 잃을 수도 있는 계약 조항이 가능하다는 점이 기본이다. ConsensusDocs 300과 같은 개념이지만 다른 용어로도 불리는 프로젝트 관리팀(PMT, Project Management Team)이 프로젝트를 관리하고 프로젝트 경영진(PET, Project Executive Team)이 조정이 필요한 어려운 이슈들에 관여하는 조직 틀이 사용된다. PET를 넘어서는 이슈들에 있어서는 ConsensusDocs 300와 마찬가지로 조정이 먼저고, 결속력 있는 중재를 마지막 단계로 진행하고 있다.

맞춤 작성된 IPD용 다자 계약서

ConsensusDocs 300이나 AIA C191을 사용하지 않으면서 IPD 프로젝트를 진행할 경우, IPD 계약서 작성과 프로젝트 수행 경험이 있는

건설 전문 법률회사와 같이 일을 하는 것이 필요하다. 현재 미국에서는 몇몇 건설 전문 법률회사들이 IPD 계약서에 대한 경험과 전문성을 키워가고 있으며, 특히 북부 캘리포니아에 기반을 둔 법률회사인 핸슨 브리짓(Hanson Bridgett)사는 다수의 IPD 프로젝트 계약서를 작성하고 적용한 경험이 있다. 이 회사들은 프로젝트 상황과 현실을 최적으로 반영하여, 발주자의 필요에 맞춘 IPD나 IPD-ish 계약서 작성에 탁월한 능력을 발휘한다.

특히 현 시점에서는 많은 발주자가 IPD에 경험이 없거나 부족하고 새로운 발주 방식에 걱정이 많은 만큼, 3자 계약이나 다자 계약에 거부감을 느낄 수 있다. 이런 경우 맞춤 작성 형태의 계약으로 기존의 양자 계약(발주자와 설계사 간의 계약, 발주자와 시공사 간의 계약 등)의 틀을 유지하되, 각각의 계약이 서로를 참조할 수 있도록 하는 계약 항목을 넣어 전반적으로는 다자 계약서와 같거나 그와 비슷한 효과를 내도록 할 수 있다. 이런 계약의 형태는 관계적 계약의 일종이다. 다만 양자 계약의 틀을 사용한다면, 발주자와 설계사의 양자 계약서에 설계사는 발주자나 시공사들에게 법적 클레임을 걸지 않는다는 형태의 조항을 두고, 비용 절감 발생 시 다른 프로젝트 참여자와 공평하게 미리 정해진 비율로 나눈다는 등의 조항을 추가한다. 이 조항으로 발주자-설계사-시공사를 하나의 팀으로 묶는 효과를 발휘하고 IPD의 원리를 프로젝트에 충분히 반영할 수 있도록 한다. 프로젝트 관리와 상충하는 이슈들의 처리는 ConsensusDocs 300이나 AIA C191과 비슷한 형태로 구성할 수 있다.

호주와 영국의 IPD 알아보기

- 호주의 IPD, 얼라이언싱
- 영국의 IPD, 파트너링
- 얼라이언싱, 파트너링, 그리고 IPD

호주의 IPD, 얼라이언싱

최근 전 세계적으로 건설업계의 화두는 보다 빠르고 획기적으로 생산성을 높이는 한편, 혁신적 프로젝트 발주 방식을 개발하고 적용하는 것이다. 기술적으로는 BIM과 같은 디지털 기술을 적용하여 생산성을 높이는 방법이 적극적으로 이용되고 있으며, 공업화나 모듈러 공법 등의 적용으로 설계와 시공의 표준화를 통한 생산성과 품질 향상, 그리고 공기 절감 및 공사비 단축을 꾀하는 방식 또한 적극적으로 활용되고 있다. 프로젝트 발주 방식으로는 발주자, 설계사, 시공사들을 협업하도록 적절한 동기를 부여하며 창조적이고 혁신적으로 효과적인 설계와 시공법 등을 적용할 수 있는 린 설계 및 시공, IPD, 파트너링, 얼라이언싱 등이 적극적으로 시도되고 있다.

IPD는 린 설계 및 시공 커뮤니티를 기반으로 탄생하고 성장하여, 미국 건설 산업계에 혁신을 불러일으켰다. 이와 비슷한 시기에 국제적으로는 호주, 뉴질랜드를 중심으로 '얼라이언싱(Alliancing)'이, 영국을 중심으로 '파트너링(Partnering)'이 등장하여 또 다른 혁신을 불러일으켰다. 본 장에서는 호주와 뉴질랜드의 얼라이언싱, 영국의 파트너링의 개념과 특성을 심도 있게 파악하고, IPD와의 공통점, 차이점을 분석하여 건설 프로젝트 참여자들 간 협력의 필요성에 대한 국제적인 인식 제고와 그 반동으로 나타난 각국의 여러 가지 발주 및 계약 방식의 발전 방향을 살펴보도록 하겠다.

호주의 IPD, 얼라이언싱의 등장

얼라이언싱은 IPD와 철학적으로 동일한 바탕에서 출발한다. 프로젝트의 발주자, 설계사, 시공사 간 상업적 이익(Commercial Interests)이 조율되고, 하나의 팀으로 통합되어 적극적인 협업을 통해 프로젝트를 완성해가는 방식으로, 1990년대 초반 영국 북해에서 BP(British Petroleum)의 오일 자원 개발 프로젝트에 적용됨으로써 최초로 시작되었다. 본격적으로는 호주와 뉴질랜드에서 2000년대에 들어서 공공 사업들을 중심으로 적용되었으며, 특히 리스크가 큰 복합형 프로젝트에서 지속적인 성공을 거두었다. 이러한 성공 사례를 바탕으로 얼라이언싱이 점차 정교하게 발전하게 되었다. 얼라이언싱은 순수 민간 중심으로 발전한 북미의 IPD와는 달리 정부 주도로 선진화가 이루어졌다고 해도 과언이 아니다. 2013년을 기준으로 호주 공공 사업의 3분의 1 이상이 얼라이언싱 계약으로 발주되고 있다는 보고가 있을 정도로,[25] 얼라이언싱 계약은 중요한 발주 방식으로 활용되고 있다.

호주의 경험에 의하면 약 500억 원 이상의 고도로 복잡한 프로젝트들에 얼라이언싱이 효과적으로 적용된다고 한다. 얼라이언싱이 적용된 프로젝트들은 위험도가 크고 프로젝트 범위가 바뀔 가능성이 상당히 높다는 공통점을 가지고 있으며, 의사 결정과 프로젝트 내용 변경 등을 빠른 시일 내에 해내야 하는 등 유연성이 필요하다.

얼라이언싱의 특징

얼라이언싱은 도전적이고 난이도가 높은 어려운 프로젝트에 대하여 발주자, 설계사, 시공사들의 경험과 능력치를 최대로 끌어내어 프로젝트를 성공으로 이끌기 위한 하나의 장치이다. 자기가 속한 조직의 이익을 최대화하는 의사 결정 행태를 지양하고, 프로젝트의 성공에 초점을 맞춘 의사 결정(Best for Project)을 도모할 수 있는 프로젝트 조직 구조와 의사 결정 구조를 고안해내는 과정에서 얼라이언싱이 탄생했다고 볼 수 있다. 이를 위해, 프로젝트 참여자들 간의 공정한 의사 결정 시스템 구축, 주 시공사와 협력업체들의 조기 참여(Early Involvement of Project

Participants), 열린 소통과 신뢰, 공평한 이익 및 위험 공유, 법정 분쟁 가능성 최소화 등이 프로젝트 발주에 매우 중요한 요인들로 판단되어 이들을 적절히 녹여내는 프로젝트 발주 방식으로 얼라이언싱 계약이 호주 및 뉴질랜드에서 적극적으로 활용되었으며, 프로젝트 비용, 공사기간, 품질 등의 핵심 성과 지표(KPIs, Key Performance Indicators)를 달성하기 위한 가장 매력적인 발주 방법으로 발전하였다.[26] 다음 [표 3.1]은 얼라이언싱 계약의 6가지 주요 원리를 정리한 것이다.

[표 3.1] 얼라이언싱 프로젝트 발주 방식의 원리들[27]

원리	특성
팀 선택	• 프로젝트 참여자들의 역량, 인지도 및 평판, 태도 등에 집중 • 프로젝트 중심 의사 결정(Best for Project)의 원칙 선택
프로젝트 제안서 작성	• 프로젝트 발주자와 얼라이언싱 참여자들이 공동으로 제안서 작성 • 협상이나 경쟁 기반, 프로젝트 성과 목표와 계약 합의틀의 결정
위험과 보상 할당	• 프로젝트 참여자 전체를 고려하며 형평성 있게 위험과 보상 공유 • 위험과 보상의 틀을 통해 'Win-Win'이나 'Lose-Lose'의 상황과 결과 형성 • 발주자의 프로젝트 목적과 프로젝트 참여자들의 상업적 목표 조율
지배 구조와 관리	• 프로젝트 의사 결정을 만장일치로 의결 • 프로젝트를 하나의 통합된 팀으로 발주, 이중적 팀 기능이나 역할 등 제거 • 매우 제한적인 환경에서만 변화 허용 • 동료 형태의 관계 설립, 의사 결정 과정에서 형평성 있는 관계 유지 • 정보와 지식의 공유 • 비용 자료, 문서, 보고에 있어 '오픈북(Open-book)' 적용 및 유지
행동의 원칙	• 의사 결정과 행동에 있어 프로젝트 중심 의사 결정(Best for Project)의 원칙 적용 • 프로젝트 참여자 간의 열린, 정직한, 직접적인 의사소통 • 목표 달성을 위한 협력에 최선 • 이기적인 행동 대신 공정하고 이성적인 행동
분쟁 해결	• 실수 또는 좋지 않은 성과에도 서로를 비방하거나 분쟁을 일으키지 않는다는 원칙에 최선 • 갈등과 분쟁을 내부적으로 해결하고 법적으로 분쟁하지 않는다는 원칙에 동의

위의 6가지 주요 원리는 IPD의 9가지 원리들과 철학적으로 동일하다. 특히 팀 선택 원리에 있어서 경쟁 입찰이라는 통상적인 시공사 선택 방법을 완전히 버림으로써 신뢰 기반의 조직 문화를 추구하는 것이 얼라이언싱의 시작점이라 봤을 때, 이는 기존의 발주 방법과 전적으로 다른 방식이다. 프로젝트 참여자들의 역량, 인지도 및 평판, 태도 등을 기준으로 프로젝트 참여자를 고르는 얼라이언싱에서는 비용 대신 적격자격 심사(QBS, Qualification-based Selection)가 선택 기준이다. 다른 특징으로는 전통적 프로젝트 발주 방식인 DBB에서는 발주자의 참여도가 상대적으로 낮으나 얼라이언싱에서는 프로젝트 목적 및 성과 설정에 있어서 발주자의 적극적 참여가 필수이며, 이는 IPD에서도 항상 중요시되는 부분이다.

분쟁 해결 원리 또한 전통적인 방식에서 흔히 쓰이는 저가 입찰 방식과 상당한 차이가 있는데, 대부분의 현재 발주 방식에서는 프로젝트 참여자들에게 법적 분쟁을 하나의 권리로서 사용하게 하는 반면, 얼라이언싱에서는 이를 원천적으로 쓰지 않는 방향으로 유도한다.

얼라이언싱 팀 선정 과정

얼라이언싱 프로젝트에 참여하는 다양한 설계사, 시공사, 협력업체들을 선정하는 과정은 프로젝트의 초기 단계에 수행되며, 프로젝트 성공 여부를 결정하는 가장 중요한 부분이다. 얼라이언싱의 선진국인 호주와 뉴질랜드는 얼라이언싱 팀 선정 과정을 시스템화하여 신뢰가 가장 높은 팀을 선정할 수 있도록 지속적으로 노력해왔다.

[그림 3.1]은 얼라이언싱 프로젝트 참여자 선정 및 프로젝트 프로세스를 세 단계로 보여주는데, 1단계의 의사 결정 A와 2단계의 의사 결정 B가 주요 포인트이다. 1단계에서는, 발주자가 v(Request for Quotation)와 RFP(Request for Proposal)를 통해서 설계사들과 시공사들에게 얼라이언싱 프로젝트를 알리고, 관심 있는 업체들로부터 제안서를 받는다. 발주자가 얼라이언싱 프로젝트에 경험이 없을 경우, 참여 업체 선정을 도와줄 컨설팅 업체를 미리 고용하기도 한다. 이전에 좋은 경험을 한 업체들과 업계에서 긍정적인 평을 받는 업체들에게는 적극적으로 참여해달라

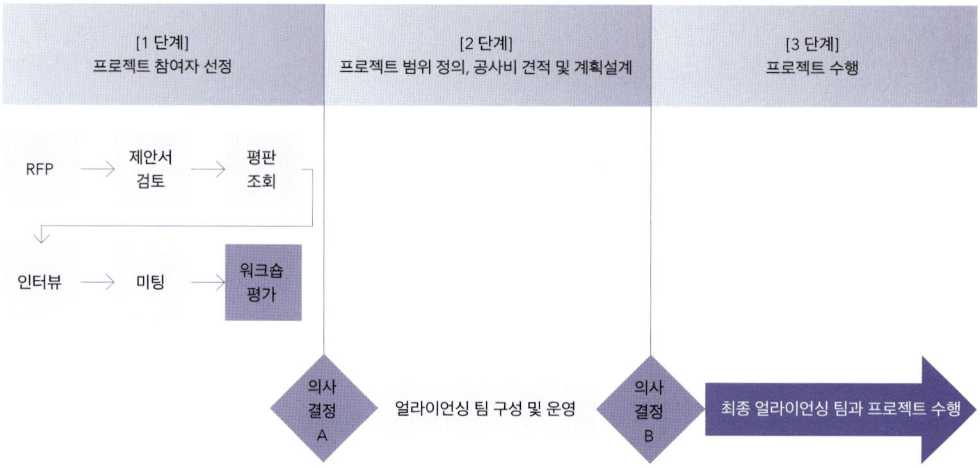

[그림 3.1] 얼라이언싱 프로젝트 참여자 선정 및 프로젝트 프로세스[28]

고 홍보하는 노력 또한 필요하다. 업체들로부터 제안서를 받은 후에는 각 제안서를 상세히 검토하고 업계의 평판을 조회하며, 각 업체와 인터뷰를 통한 전반적인 평가가 필수적으로 이행되어야 한다. 이 검토 과정에서 각 분야별로(설계, 시공 등) 소수의 업체들로 최종 후보군을 선별한다. 그 후 얼라이언싱 팀이 프로젝트 범위 개발, 기본 설계, 시공성 검토, 시공비 산정 등을 수행한 후, 발주자와 워크숍을 통해 최종 얼라이언싱 팀을 선정하여 얼라이언싱 계약을 맺고 공동으로 프로젝트를 수행한다.

얼라이언싱의 위험 및 수익 배분 구조

얼라이언싱 프로젝트의 비용 산정과 이윤 및 손실 배분 구조 산정 기준은 얼라이언싱 프로젝트 발주 방식에 관심 있는 발주자나 업체들에게는 매우 중요한 관심 사항이다. 여러 변형 형태가 존재할 수 있지만 기본적으로 호주 얼라이언싱 프로젝트의 비용, 이윤 및 손실 배분 구조는 크게 세가지 항목으로 구분된다.([그림 3.2])

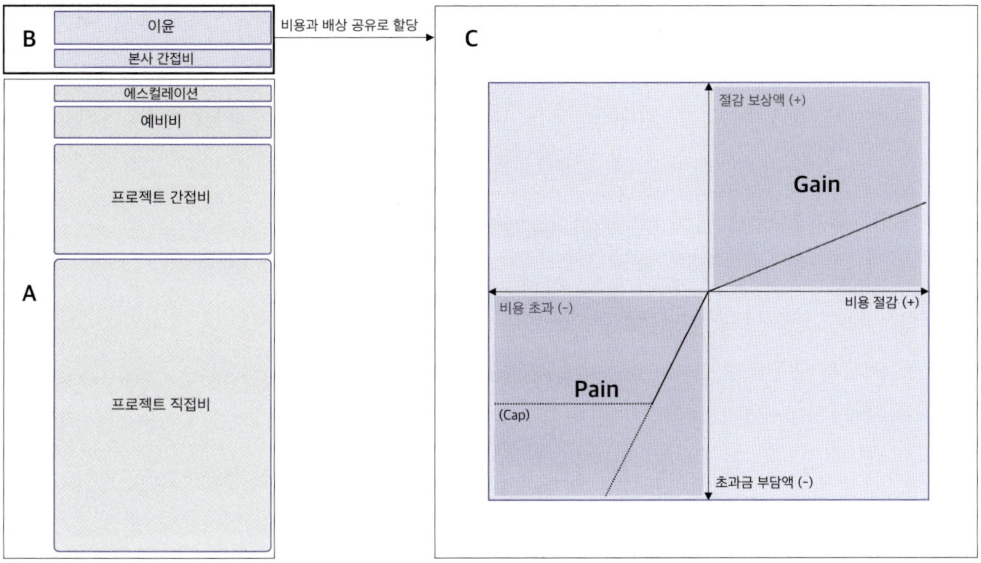

[그림 3.2] 얼라이언싱 프로젝트의 위험 및 수익 배분 구조[29]

첫 번째로 프로젝트에 직접 투입되는 직접비(재료비, 노무비, 장비비, 예비비 및 에스컬레이션비 등 포함)와 프로젝트와 직접 연관된 간접비(현장 관리비, 시험비 등)는 각 참여자들의 투명한 회계를 통해 전액 업체들에게 지불된다. ([그림 3.2]에서 A 항목) 두 번째는 각 회사의 본사 간접비와 이윤 산정 부분(B)인데, 이 부분은 각 회사마다 다른 기준을 가지고 있으므로 동일하게 적용할 수 없는 부분이다. 가장 이상적으로는, 얼라이언싱은 프로젝트 참여자들 간의 신뢰를 바탕으로 하는 발주 방식이므로, 각 업체가 최근 수행한 프로젝트들의 회계 기록을 발주자와 같이 투명하게 들여다보고, 적절한 비율로 산정하게 하는 방법이 있다. 이는 서로 간의 신뢰가 없이는 이행하기 어려운 부분이다. 또한 B 부분은 얼라이언싱 계약에서 100% 모두 비용과 배상 공유 부분(C)으로 할당된다. 다시 말해, 프로젝트가 얼라이언싱 계약 당시 산정한 목표 비용과 시간, 품질에 정확히 일치하는 성과를 보일 경우(C그래프 상의 원점) 계약 당시 산정된 본사 간접비와 이윤 부분을 100% 돌려받지만, 차이가 있을 경우 실제 각 업체가 받는 본사 간접비와 이윤 부분은 상이하게 된다.

C의 왼쪽 하단 박스에 보이는 것처럼 실제 비용이 초과될 경우, 계약서에 명시된 할당 비율만큼 손실분을 물어내되, 그 비용의 한계치가 없이 무한대로 설정될 수도 있고, 아니면 한계치(Cap)를 두어 참여 업체들을 보호하는 형태로 설정될 수도 있다. 두 그래프에서 X축은 프로젝트 전체의 비용 절감(+)이나 초과분(-)을 나타내고, Y축은 참여 업체들이 받게 되는 추가 보너스 금액(+)이나 비용 초과분 부담액(-)을 나타낸다.

대체로 비용 절감이 발생할 경우 발주처가 차지하는 비율이 50% 이상으로 높고 나머지 부분을 참여 업체끼리 사전에 정한 비율대로 분배하며, 비용 초과가 발생할 경우에는 반대로 발주처가 부담하는 비율이 대체로 50% 미만이고, 참여 업체들의 부담 비율이 높다.

또한 비용 외에 공기 단축이나 초과 또는 사전에 설정해 놓은 품질 기준의 초과 달성이나 미달의 경우에도 금전적으로 환산을 하는 공식을 계약서에 포함시켜, 참여 업체들이 보너스를 받거나 손실분을 내게 되는 형태의 손해 공유/이익 공유 형태가 아주 흔하게 적용된다.

C의 보너스나 손실 산정 방법은 실제 얼라이언싱 프로젝트들에서는 다양하게 변형된 형태로 존재하는데, 프로젝트 비용이 초과될 경우 처음 일정 부분은 발주자가 100% 부담하되, 그 이후 초과 비용에 대해서는 업체들의 부담 비율을 대폭 상승시켜 업체들에게 동기 부여를 하는 방법이 있을 수 있다.

얼라이언싱 프로젝트 선정 기준

발주자가 프로젝트를 진행할 때 얼라이언싱을 선택하는 것은 쉽지 않은 결정이다. 이에 대한 깊은 이해와 장단점 등을 숙지해야 하고, 검토 중인 프로젝트에 성공적으로 적용될 수 있는지에 대한 깊은 판단이 요구된다. 다음은 호주의 다양한 얼라이언싱 프로젝트 경험을 바탕으로 얼라이언싱 프로젝트가 성공할 수 있는 조건들과, 반대로 얼라이언싱이 프로젝트에 적용되지 말아야 할 조건들을 요약한 것이다.

- 얼라이언싱의 기본 특징인 시공사 및 주요 협력업체들의 조기 참여는 프로젝트 비용과 시공성 향상 등에 확실성을 높인다. 또한 전반적으로 프로젝트 성과 지표들이 향상되고 혁신적인 아이디어 적용

가능성이 높아지며, 프로젝트 비용에 대한 투명성이 매우 커진다.

- 프로젝트 요구 사항과 환경에 대한 불확실성이 높을 경우, 리스크 관리 차원에서 얼라이언싱이 기존의 계약 방식보다 더 적합할 수 있다. 따라서 프로젝트의 위치나 규모, 정치-사회적 영향도 및 복잡성 등으로 예측되는 리스크가 예사롭지 않고 독특한 경우 얼라이언싱 프로젝트가 적합하다고 할 수 있다.
- 프로젝트 리스크가 명확히 알려지지 않고 리스크 할당 문제가 어려울 경우, 얼라이언싱이 적합하게 적용될 수 있다.
- 프로젝트 비용이나 공기 압박이 심한 프로젝트는 설계와 시공을 융합하여 혁신적인 방법으로 프로젝트를 발주해야 하기 때문에 얼라이언싱을 고려할 수 있다.
- 프로젝트에 관심이 있는 다양한 사람들과 조직이 존재하고 이들을 조기에 프로젝트에 참여시킬 필요가 있을 경우, 얼라이언싱이 적합한 방법일 수 있다.
- 발주자 및 설계사와 시공사가 얼라이언싱에 대한 이해도가 높고 긍정적인 경험이 있으며 공동으로 일해본 경험이 있을 경우, 성공 확률이 높아진다.
- 발주자에게 얼라이언싱을 수행할 의지, 능력, 자원이 있으며, 상위 경영진들의 충분한 지원이 보장될 때, 성공 확률이 높아진다.

얼라이언싱 프로젝트가 성공적으로 적용되기 어려운 환경은 다음과 같다.

- 얼라이언싱은 상호 신뢰와 협조, 투명하고 열린 정보 교환을 기반으로 하는 관계적 계약으로 기존의 프로젝트 발주 방식과는 상당히 다르다. 따라서 프로젝트 참여자들이 얼라이언싱에 대한 지식과 경험이 부족하고 같이 일해본 경험이 부족할 경우 성공적으로 적용되기 어렵다.
- 발주자에게 새로운 발주 방식에 투자할 분명한 의지가 존재해야 하고, 특히 리스크 공유에 대한 충분한 이해와 이행 의지가 있지 않으면 안 된다.
- 프로젝트 규모가 작아서 초기 얼라이언싱에 투자되는 비용을 회수

할 만한 규모가 아니거나 혁신적 설계-시공 융합을 통해 기대 가치가 발생하지 않는 규모라면, 얼라이언싱이 적용되기 어렵다.

- 얼라이언싱 프로젝트는 계약 당시 프로젝트 비용과 기간이 고정되지 않는 방법으로, 발주자가 불확실성을 받아들일 수 없다면 적용될 수 없는 발주 방식이다.
- 반복적 형태의 프로젝트이거나 발주자, 설계사, 시공사의 경험이 풍부한 경우 등 자체적으로 위험도가 낮다면, 얼라이언싱은 추천할 만한 발주 방식이 아니다.

영국의 IPD, 파트너링

파트너링에는 크게 두 가지 접근법이 존재한다. 첫 번째 접근법은 계약법이 아닌 프로젝트 참여자들 간의 신뢰도를 높이고 협력을 증진하는 전략으로 접근하는 방법이다. 따라서 프로젝트 발주 방식이나 계약 형식에 관계없이 사용될 수 있는 방법으로 정의된다. 이는 여전히 북미 건설 시장을 포함한 대부분의 건설 시장에서 대체로 인정되고 적용되는 정의이다. 두 번째 접근법은 2000년부터 영국 건설 시장에서 공식적으로 활발히 적용되어온 접근법으로, 파트너링을 신뢰와 원활한 소통, 협력을 증진하는 비계약적 특성을 지닌 프로젝트 관리 기법으로만 국한하지 않고, 하나의 계약법으로 접근하고 정의하는 것이다. 영국에서는 파트너링 계약이 엄연히 존재하며 지난 20년간 성공적으로 활용되어왔다. 여기에서는 파트너링을 영국 건설 시장에서 공식적으로 사용되는 두 번째 접근법으로 소개하고자 한다.

영국에서는 파트너링을 통해 전체 프로젝트 공기를 약 10% 절감하고, 낭비 요소를 20% 정도 줄일 수 있다고 한다.[30] 영국 건설 시장에는 크게 세 가지 종류의 계약 양식이 파트너링 형태의 계약을 위해 존재하며, 이는 다음과 같다.

a) PPC2000(ACA Project Partnering Contract 2000)
b) JCT Constructing Excellence Contract
c) NEC3 Engineering and Construction Contract

PPC2000은 영국에서 파트너링 프로젝트용으로 만들어진 첫 번째 표준 계약서이다. 1998년 「이건 보고서(Egan Report)」의 결과물로 볼 수 있는 표준계약서로, CIC(Construction Industry Council, 건설산업위원회)와 ACA(Association of Consultant Architects, 컨설턴트 건축가 협회)가 2000년에 공동으로 만들어낸 결과물이다. JCT Constructing Excellence Contract는 RIBA(The Royal Institute of British Architects, 영국왕립 건축가협회)의 산하 조직인 JCT(Joint Contracts Tribunal, 공동계약 심사위원회)가 영국의 파트너링 프로젝트용으로 2007년에 만든 표준계약서이다. NEC3 Engineering and Construction Contract는 특히 정부 기관 조달의 공공 토목 공사를 염두에 두고 만들어낸 표준계약서로 특히 법정 분쟁을 최소화하고 프로젝트 가치를 최대화하는 목적을 지향하는 파트너링 프로젝트에 적용될 수 있도록 만들어졌다. NEC3 Engineering and Construction Contract는 특히 2012년 런던 올림픽 프로젝트의 표준 계약서로 유명하다.

이 중 PPC2000이 미국의 IPD와 가장 근접하고, 또한 다양한 건축 프로젝트들에 일반적으로 사용되어온 계약 양식이기 때문에, 이를 기준으로 영국형 파트너링의 특징과 성공 사례들을 분석 정리하고자 한다. PPC2000은 최소 50만 파운드부터 최대 5억 파운드까지 다양한 규모의 프로젝트에 성공적으로 적용되었다.[31] 특히 PPC2000이 주거 시설, 업무 시설, 교육 시설, 의료 시설 등 다양한 형태의 민간 및 공공 건축 시설물에 적용되었다는 점에서, 정부 공사에 주로 적용된 호주 얼라이언싱과는 크게 다르며, 한국 건설 시장에 시사하는 바가 매우 크다.

파트너링의 특징

프로젝트 발주와 계약 방법으로서 영국 파트너링의 시발점은 「이건 보고서(Egan Report)」라고 볼 수 있다. 영국 부총리 사무실 주도하에 결성된 건설 태스크포스팀이 영국 건설업을 획기적으로 개선할 방향을 제시하였는데,[32] 저가 입찰 방식을 벗어나 장기적인 얼라이언싱과 파트너링을 통해 프로젝트 프로세스를 개선하는 것이 주요한 과제로 선정되었다. 건설 변호사인 데이비드 모지(David Mosey)가 이에 적극적으로 부합하는 파트너링 기반 프로젝트 발주 프로세스와 계약 표준을 만든 것이 PPC2000이다.[33] PPC2000은 영국 ACA(Association of Consultant Architects, 컨설턴트 건축가협회)와 ACE(Association of Consultancy and Engineering, 자문 및 엔지니어링협회)의 지원으로 다양한 프로젝트에 성공적으로 적용되었으며, 주요 프로젝트 참여자들을 위한 파트너링 절차 및 계약 표준을 제시하고 있다.

[표 3.2] 파트너링의 원리들

원리	특성
통합된 팀	• 다자 계약을 통해 발주자, 설계사, 시공사, 주요 협력업체, 자문업체 등으로 하나의 통합된 팀 구성 • 프로젝트 중심 의사 결정(Best for Project)
조기 참여	• 시공사와 주요 협력업체들을 프로젝트 초기에 참여시키는 계약 포함 • 시공성 보장, 시공비 절감 및 현실적 비용을 감안한 설계 유도 • 적극적인 프로젝트 리스크 관리 가능
지배 구조와 관리	• 핵심 그룹(Core group)을 선정하여 주기적으로 프로젝트 진행 공동 검토 • 사무실을 공유하고, 각각 업체의 IT 시스템을 사용하여 정보 공유 • 비용 자료, 문서, 보고에 있어 '오픈북(Open-book)' 원칙 적용 및 유지
행동의 원칙	• 의사 결정과 행동에 있어 프로젝트 중심 의사 결정(Best for Project) 원칙 적용 • 프로젝트 참여자 간 자유롭고 정직하며 직접적인 의사소통의 장 마련 • 다른 프로젝트 참여자들을 희생시키는 이기적인 행동이나 의사 결정을 지양하며 공정하고 이성적인 행동 준수
성과에 대한 보상	• 발주자와 참여 업체들이 비용 절감분을 함께 공유 • 주요 성과 지표들을 목표 이상으로 달성할 시, 인센티브 지급
분쟁 방지 및 해결	• 실수 또는 낮은 성과에도 서로를 비방하거나 분쟁을 일으키지 않는다는 원칙 지향 • 신뢰를 바탕으로 하는 조기 경보 시스템으로 분쟁의 소지가 있는 문제는 관련 정보를 조기 공유하여 해결 • 갈등과 분쟁을 내부적으로 해결하고 법적으로 분쟁하지 않는다는 원칙에 동의
위험 관리와 할당	• 시공사의 조기 참여로 효과적으로 리스크 분석 및 관리 • 리스크 목록 작성 및 관리 권장 • 시공 단계에서 시공사가 주 위험 관리자 역할을 하며, 리스크 영향을 최소화하기 위해 공기 연장이나 지연 발생 시 시공사에 추가적인 이윤이나 간접비 지급을 하지 않음

북미의 IPD, 호주 및 뉴질랜드의 얼라이언싱, 그리고 영국의 파트너링은 모두 궁극적으로 동일한 목표를 추구한다. 기존의 발주자-설계사, 발주자-시공사, 시공사-주요 협력업체 등의 분리된 계약들로부터 기인하는 책임 전가, 소통되지 않는 정보 및 적대적 상생 관계 등의 비효율을 없애고, 신뢰에 기반을 두고 프로젝트의 목표를 달성하기 위해 프로젝트 관계자들을 조기에 참여시켜 창조적이고 혁신적인 설계 및 시공을 이루자는 것이다. PPC2000은 [표 3.2]와 같은 7가지의 주요한 특징들을 가지고 있다. 이 특징들은 통합된 팀, 조기 참여, 지배 구조와 관리, 행동의 원칙, 성과에 대한 보상, 분쟁 방지 및 해결, 위험 관리와 할당이라는 원칙하에 구성되어 있다.

PPC2000의 가장 큰 장점 중 하나는, 이 계약 양식이 어느 한 시점에서 프로젝트 참여자들이 계약을 하는 데 도움을 주는 정적인 프로세스일 뿐만 아니라, 프로젝트 발주 과정에 적극적으로 관여하는 프로세스까지 포함한다는 점이다. PPC2000은 크게 시공전 단계와 시공 단계로 나눌 수 있다.([그림 3.3])

먼저 시공전 단계에서 발주자 주도로 파트너링 팀 멤버들이 구성되면, 이 팀 구성을 계약적으로 완성하는 프로젝트 파트너링 합의서(Project Partnering Agreement)라는 표준계약서 형태를 사용해서 참여자 모두가

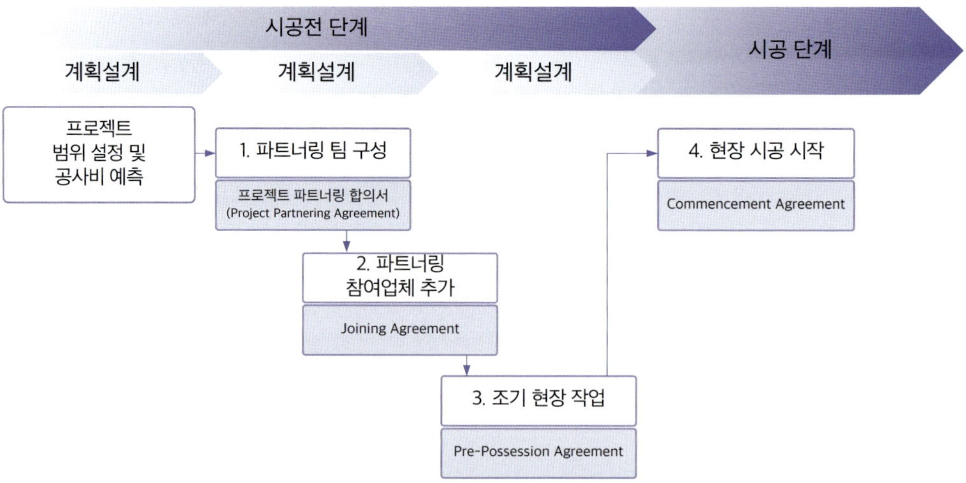

[그림 3.3] 파트너링 프로세스와 표준계약서

서명하는 다자 협약서가 완성된다. 물론, 발주자 팀 구성 이전에 프로젝트 범위와 내용들을 정하고 프로젝트 비용도 예측해야 한다. 이러한 사전 작업들은 발주자 조직 내부의 역량이 뒷받침된다면 이들이 직접 수행할 수도 있지만, 그렇지 못하다면 설계 용역사나 비용 전문가 등을 고용해야 한다. 프로젝트 범위와 내용, 예상 비용 등이 정해지면 이를 바탕으로 역량 있는 파트너링 구성원들을 선택하는데, 이는 발주자 조직의 내규나 정책에 따라 RFP/RFQ 등의 경쟁 심사 및 입찰 과정을 거칠 수도 있고, 아니면 발주자가 협상을 통해서 역량 있는 업체들을 팀 멤버로 불러들일 수도 있다. 중요한 점은 비록 가격이 중요한 고려 사항이긴 하지만, 무엇보다도 업체의 능력과 그 업체가 프로젝트에 기여할 수 있는 가치를 중심으로 참여 업체를 선정해야 한다는 점이다.

본 단계에서 초기 가격 체계는 필수적으로 포함되는데, 각 참여 업체의 이윤, 현장 간접비, 본사 간접비 등을 정하고, 이미 확정된 부분들의 비용도 공개 및 공유하며, 예상되는 위험 항목들에 대해 참여 업체들의 예상 비용이나 예비비 등도 정확치 않더라도 기록해 두는 것이 좋다. 인센티브와 핵심 성과 지표(KPI) 및 목표도 계약서에 포함시키는 것이 일반적이며, 본격적인 착공 시기를 정하고 나서 이에 적합한 설계 시간표를 작성한다.

이 과정에서 발주자는 파트너링에 박식하고 경험이 많은 독립적인 파트너링 전문가를 고용해서 프로세스에 차질이 발생하지 않도록 도움을 받을 수 있다. 특히 주목할 것은 독립성을 유지하기 위해 파트너링 전문가는 다자 파트너링 계약에 포함되지 않고, 발주자와 일대일 계약을 한다는 점이다. 고용된 파트너링 전문가는 발주자에게 각 단계별로 전문적 자문을 제공함과 동시에 팀 멤버들 간의 관계를 관찰하고 기록해 나가며, 각 참여 업체의 역할과 그들에게 기대하는 부분을 명확히 프로젝트 파트너링 합의서에 기재해야 한다.

파트너링 팀 구성이 끝나면 본격적으로 설계가 진행되는데, 이 단계가 기존의 발주 방식과 가장 차별되는 부분이다. 시공사와 주요 전문 시공업체는 해당 단계부터 참여하게 되므로, 시공 전문성이 반영되는 설계, 또는 비용을 절감하거나 같은 비용이더라도 고품질을 담보할 수 있는 설계 및 시공 계획이 가능하기 때문이다.

설계가 진행되면서 추가적으로 다른 업체(전문 설계사 또는 전문 설비업체)들을 파트너링 계약에 포함시킬 필요가 있거나 기존의 멤버를 교체할 상황이 발생하면, 참여 합의서(Joining Agreement)에 프로젝트에 참여하는 다른 모든 파트너링 멤버들과 함께 서명을 하고 참여시킬 수가 있다. 설계가 완료되기 전, 프로젝트 공기를 단축하기 위하여 시공사가 선시공을 할 필요가 있다면 선시공 합의서(Pre-Possession Agreement)를 통해 시공사를 현장에 투입할 수 있다.

설계가 완료되고 공사 기간, 비용, 품질 등이 최종 확정되면 시공 개시 합의서(Commencement Agreement)를 통해 발주자는 최종적으로 시공팀에게 공사 시작을 통보하게 되며, 여기에는 확정된 핵심 성과 지표들과 목표, 합의된 최고 비용(AMP, Agreed Maximum Price)과 각종 인센티브, 비용 절감분 공유 방법 및 예비비 상세 내용 등이 자세히 포함된다. 합의된 최고 비용(AMP)이라는 용어는 시공 단계 중에도 공사 비용의 절감 노력이 지속적으로 요구된다는 점을 암시한다.

파트너링 적용 시 유의 사항들

데이비드 모지는 다년간의 파트너링 프로젝트 경험을 통해, 파트너링 프로젝트에서 유의해야 할 10가지 사항을 선정하였다.[34] 파트너링 프로젝트는 기존 프로젝트와는 상당히 다르기 때문에, 각 참여자들에게 새로운 형태의 행동 양식과 정보 교류 및 의사 결정 방식이 요구되며, 또한 각기 다른 역할과 책임이 요구된다. 기존 프로젝트에서 하던 방식대로 반응하고 행동할 경우, 프로젝트가 성공적으로 귀결되기 어려운 구조다.

a) 발주자가 적극적으로 참여한다.

IPD나 얼라이언싱과 마찬가지로 파트너링 프로젝트는 발주자나 발주자를 대표하는 팀들의 적극적인 참여 없이는 성공하기 어렵다. 특히 시공전 단계에서 발주자의 리더십과 적극적 참여는 팀 멤버들에게 긍정적 활력의 요소가 되며, 분명한 목표 설정에 아주 중요한 요소이다.

b) 파트너링 멤버가 변화에 적극 참여한다.

파트너링 프로젝트는 기존의 프로젝트와는 근본적으로 다른 행동 양식과 의사 결정 방식이 요구되기 때문에, 각각의 참여자들은 변화하려는 의지와 신뢰에 기반을 둔 투명한 정보 교환 등 업무를 수행함에 있어 열린 마음으로 접근해야 한다.

c) 시공사와 전문 협력업체들을 조기에 참여시킨다.

파트너링의 성공 여부는 역량 있는 시공사와 전문 협력업체들을 가능한 한 조기에 참여시키는 데 있다 해도 과언이 아니다. 적절한 참여 타이밍을 놓치는 것은 프로젝트 실패와 직결된다.

d) 시공전 단계의 파트너링 시간표를 맞춘다.

파트너링 멤버 구성 후, 참여 업체들이 프로젝트 파트너링 합의서(Project Partnering Agreement)에 서명을 할 때까지도 시공 단계 전까지의 일정이 결정되지 않으면, 주요 업무들이 지연될 가능성이 매우 크다. 주요 일정에 대한 논의 없이 파트너링 프로젝트가 본격적으로 진행되면 멤버들 간 신뢰에 금이 갈 수 있다. 따라서 프로젝트 파트너링 합의서 체결 시점에는, 충분한 검토와 토의를 거친, 착공 전까지의 일정표가 반드시 필요하다.

e) 프로젝트 범위와 내용, 프로젝트 제안서, 용역 서비스 일정 등을 명확히 하고 통합시킨다.

이 세 가지 문서는 발주자의 의도가 얼마만큼 구체화되었는가를 나타내는 척도이기 때문에, 이들이 구체적이고 명쾌하게 작성되었다면 프로젝트 성공 확률이 높다.

f) 전문 건설업자들과 조달업체들의 공급 사슬(Supply Chain)에 관심을 갖는다.

전문 건설업체들과 자재 및 주요 장비 조달업체들의 공급 사슬을 명확히 하고 통합시키는 과정을 시공전 단계에 완성하는 일은 대단히 중요하다. 기존 프로젝트 발주 방식에서는 주 시공사의 책임하에 입찰을 준비하는 짧은 기간 동안 참여자 개개인의 역량을 키울 필요성을 느끼지 못한 채 견적자의 경험이나 신뢰도가 떨어지는 전문 협력업체와 함께 일하면서 신뢰 기반의 견적을 하지 못하고, 주 시공사의 기존 경험에 의존하여 견적을 내거나 혹은 전문 협력업체의 독단적 견적에만 의지하는 경향이 있었다.

이러한 익숙한 절차와 습관의 틀에서 벗어나기 위해서 조직적 차원의 노력과 지원이 필요하다. 적절한 시점에 전문 건설업체나 조달업체를 파트너링에 적극적으로 참여시키고, 이들의 전문성을 시공전 단계에서 충분히 활용하기 위해서는 공급 사슬의 중요성을 깊이 인지하고 이행할 필요가 있다.

g) 핵심 성과 지표와 인센티브를 프로젝트 초기에 확정한다.

핵심 성과 지표들은 파트너링 멤버들에게 명확한 목표를 제안하는 역할을 하며, 노력, 자원, 시간 등을 집중하게 하는 효과가 있다. 또한 명확한 인센티브 계획이 수립됨으로써 각 참여 업체들에 동기를 부여하는 효과가 있다. 이들은 가능한 한 이른 시점에 확정되어야 한다.

h) 공동 위험도 관리를 등한시하지 않는다.

파트너링의 가장 큰 장점은 프로젝트 관계자들을 가능한 한 조기에 참여하게 하여 모든 이들의 축적된 경험과 지식과 노하우를 최대한 활용하고, 이를 통해 프로젝트의 가치와 효율성을 극대화하면서 목표를 달성하는 데 있다. 따라서 공동으로 프로젝트의 위험 인자들을 찾아내고 적절한 대비책을 세우는 프로세스를 시공전 단계에서 사용하는 것이 매우 중요하다.

i) 적절하고 독립적인 파트너링 전문가를 고용하고 이용한다.

독립적인 파트너링 전문가(또는 자문가)를 적극적으로 활용하여 가이드로 삼는 일 또한 중요하다. 대부분의 참여 업체들이 파트너링에 익숙지 않은 상황에서 그 필요성은 극대화된다. 발주자의 직원이거나 파트너링 멤버의 일부가 이 역할을 수행하는 것은 다른 멤버들의 신뢰를 얻기 어렵기 때문에 피해야 한다.

j) PPC2000을 숙지한다.

PPC2000을 메인 계약 기준으로 사용 시, 계약 내용을 모든 멤버들이 충분히 숙지하여 파트너링의 기본 틀과 구조를 명확히 이해하는 것은 효과적으로 프로젝트를 진행시키는 데 매우 중요하다.

얼라이언싱, 파트너링 그리고 IPD

북미의 IPD, 호주와 뉴질랜드의 얼라이언싱, 그리고 영국의 파트너링은 놀랍게도 거의 동일한 시점인 1990년대 중반 이후에 시작되었다. 이들은 세계적으로 동시다발적이지만, 국가별로 독립적으로 발생하였고 자생적으로 성장하였다는 특징이 있다. 다만 북미의 IPD는 순수하게 민간 영역의 주도하에 발전하여 주로 민간 프로젝트에 적용되어온 반면, 얼라이언싱은 정부 주도로 발전되어 정부 발주 공사들에 주로 적용되어왔고, 파트너링은 계약의 형태로 민간, 공공 분야에서 다양하게 사용되어왔다는 차이점이 있다.

이들은 기존의 프로젝트 발주 방식에서 보이는 설계-시공의 분리에서 오는 비효율과 자원 낭비, 단계별 분리 계약이 쉽게 초래하는 프로젝트 참여자들 간의 불신 문화와 상호 적대적 관계를 극복하고자 대안을 찾아가는 과정에서, 각자 다른 이름으로 명명되었지만 똑같은 지향점을 갖는 프로젝트 발주 방식으로 발전하였다. 즉 발주자의 투자 비용 대비 가치를 최대화하는 해결책으로 제시된 방법들이다. 이들은 각 방식에 경험이 쌓이고 그에 맞는 성숙한 계약법이 완성되어가면서 오늘날 가장 진화된 프로젝트 발주 방식으로 자리매김하고 있다.

이들 발주 방식을 꿰뚫는 공통된 핵심 철학은 '프로젝트 중심 의사결정(Best for Project)'이다. 프로젝트에 가장 최적인 환경을 조성하고, 그 환경에 맞는 프로젝트 계약법을 사용하여 프로젝트 업체들을 참여시키고, 그 환경에 맞는 프로젝트 진행 및 관리 절차와 의사 결정 방식을 사용하는 것이 바로 그것이다. IPD, 얼라이언싱, 파트너링의 핵심 철학은 동일하지만, 이를 구체화하는 과정에서 상당한 차이점도 보인다. 이 세

가지 발주 방식을 각각 심도 있게 비교 분석하여 알아보도록 하겠다.

파트너링 vs [얼라이언싱과 IPD]

파트너링, 얼라이언싱, IPD 모두 기존의 프로젝트 발주 방식보다 매우 진보한 방식들이지만, 얼라이언싱과 IPD를 하나로 묶어서 파트너링과 비교해볼 경우, 파트너링이 기존의 프로젝트 발주 방식에 조금 더 가깝다고 볼 수 있다.

크게 두 단계 계약으로 이루어지는 파트너링은 첫 번째 계약을 통해 시공사와 시공 협력업체들을 포함하는 팀을 아주 이른 단계에서 구성한다는 점에서 기존 방식과 크게 다르지만, 설계가 완성되는 시점 그리고 시공 시작 직전에, 두 번째 계약을 통해 공사비를 확정하고 시공을 승인하는 점은 기존 방식과 유사하다. 물론 공사비 확정 단계에서 단순 입찰 방식이 아닌 협의와 협상을 통해 공사비를 정한다는 점도 기존 방식과 다르다.

하지만 얼라이언싱과 IPD는 모두 목표 가치를 가능한 이른 시점에 정해 프로젝트의 가치와 효율을 높이는 것을 목표로 삼고 있다. 설계 완료 시점에 목표 비용을 확정할 경우, 얼라이언싱과 IPD 발주 방식을 선택하여 얻게 되는 혜택을 충분히 받을 수 없다. 따라서 설계 중간 시점에 팀 전체가 프로젝트 비용을 확정하는 것이 일반적이다.

파트너링, 얼라이언싱, IPD 모두 당근과 채찍 중 당근, 즉 다양한 동기 부여와 보상이라는 강한 축을 제공하고, 이를 통하여 프로젝트 가치를 높이는 혁신적 아이디어와 비용 절감, 공기 단축 등의 성과를 이루도록 유도한다. 하지만 금전적 보상 측면에서 볼 때 파트너링은, 프로젝트 비용 절감할 때 참여 업체들 간 절감 비용 공유 또는 핵심 성과 지표를 달성하거나 초과 달성할 때 주어지는 보상에 초점이 맞추어져 있기 때문에 윈윈(Win-Win)에 바탕을 둔 형식이라고 할 수 있다. 이와는 달리 얼라이언싱과 IPD는 예상 비용을 초과하게 되면 참여 업체들이 초과 비용을 공동 부담하는 형식으로, 보상과 패널티가 명확히 공존한다. 파트너링은 단지 시공업체들이 가져가는 이윤과 간접비에 대한 총액에 상한선을 둠으로써, 프로젝트의 시공 비용 초과를 저지하는 동기 부여 기제만 있을 뿐이다. 파트너링은 설계가 100% 완료된 후에 최종 계약이 이루어지기 때문에, 공사비에 대한 확실성이 높고 이에 따라 윈윈 메커니즘이 적용될 수 있는 환경이 조성되지만, 목표 비용이 설계 중간 단계에 설정되는 얼라이언싱과 IPD는 전체 프로젝트 비용에 대한 확실성이 여전히 매우 낮아 윈루즈(Win-Lose) 형태로 계약을 할 필요가 있기 때문이다. 그 대신 얼라이언싱이나 순수 IPD는 상호 책임 면책 조항을 두어 더욱 강력한 열린 소통과 신뢰를 유도해 혁신 설계-시공을 기대할 수 있다. 표준 파트너링 계약에는 이같은 면책 조항이 존재하지 않는다. 따라서 기존의 프로젝트 발주 방식에 익숙한 발주자나 업체들에게 좀 더 쉽게 적용할 수 있는 발주 방식은 영국의 파트너링이라고 볼 수 있다. [그림 3.4]는 위 관점들과 평가를 바탕으로 기존 프로젝트 발주 방식으로부터 파트너링, 얼라이언싱, IPD가 얼마나 차이가 나는지를 간략히 거리 개념으로 보여주고 있다. 파트너링, 얼라이언싱, IPD 순으로 거리가 커지며, IPD는 얼라이언싱보다도 한층 더 성숙되고 역동적인 발주 방식임을 이해할 수 있다.

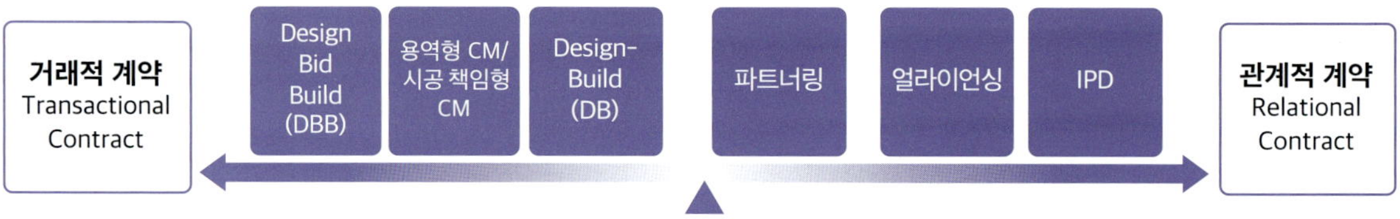

[그림 3.4] 프로젝트 발주 방식 중 파트너링, 얼라이언싱, IPD의 위치

[파트너링 & 얼라이언싱] vs IPD

영국의 파트너링 프로젝트의 대표적 표준계약서는 PPC2000이다. PPC2000은 건설 전문 법률회사를 중심으로 완성되었으며, 파트너링 프로젝트에 본 표준계약서가 중심적으로 사용되면서 지속적으로 다듬어졌다. PPC2000이라는 상징성을 통해 파트너링 발주 방식의 장점들이 많이 전파되었다. 비록 PPC2000이 파트너링 프로젝트 발주 프로세스를 제시한 것은 사실이나, 철저히 계약표준안들을 중심으로 프로젝

트 단계별 발주 틀이 이루어졌다는 점에서 보면 파트너링이 계약법 중심임은 부인할 수 없는 사실이다.

얼라이언싱은, 호주 정부 공사에서 적극적으로 사용되어왔기 때문에 절차와 계약 상세 정보가 매우 철저하게 제시되어 있다. 한편 파트너링이나 얼라이언싱 모두 신뢰, 열린 정보 공유, 주요 업체들의 조기 참여 등 프로젝트 진행 및 관리에 있어서 전체적인 철학 및 방향성은 제시하지만, 구체적 방법이나 도구 등에 대해서는 자세하게 제시하지 않는 편이다. 참여하는 업체들과 발주자들이 적절히 기존의 방법과 도구를 융통성 있게 사용하는 수밖에 없다.

한편 IPD는 린 설계 및 시공을 떼어 놓고는 설명하기 어렵다. 몇몇 IPD 전문가는 린 없이 IPD가 사용될 수 있다고 주장하지만, 이는 극단적으로 IPD의 원리나 원칙을 설명하기 위한 것이다. 실질적으로 IPD가 사용되는 과정에서는 모두 적극적인 린 설계 및 시공 이론에 바탕을 둔 프로젝트 프로세스, 방법 및 도구들이 사용된다. 이는 LCI(Lean Construction Institute)를 중심으로 건설업계의 혁신 기업들(DPR Construction, Boldt, Sundt, Skanska 등)이 지난 20년간 적극적으로 사용한 결과이며, 2000년대 중반까지만 하더라도 LPD(Lean Project Delivery)가 IPD와 혼용되면서, IPD가 린 설계 및 시공 이론을 최대한 구현할 수 있는 프로젝트 발주 방식 또는 계약 방식으로 이해되었기 때문이다.

린 설계 및 시공의 핵심은 자원과 정보의 낭비를 최소화하는 것이다. 설계와 시공을 분리하는 기존 발주 방식은 기본적으로 이 원리에 역행하는 방식이며, IPD는 통합과 자유로운 정보 공유를 통한 자원 사용의 최적화, 혁신적 설계 및 시공을 추구하기 때문에, 이에 정확히 부합한다. 린이 성공적으로 적용되어 합의된 업무(Negotiated Work)가 지속적으로 성공하면서, 이런 형태의 프로젝트에 정확히 부합하는 계약 틀이 필요하게 되었고, 이를 린과 구분하여 명명할 새로운 이름이 IPD가 되었다고 볼 수 있다. 따라서 IPD를 깊이 이해하고 제대로 적용하기 위해서는 린에 대한 깊은 이해가 필수적이다. 이런 이유로 IPD 프로젝트 사례 연구들을 보면, 다양한 린 중심의 절차, 방법, 도구 들의 사용이 넘쳐난다. 이러한 관점에서 IPD는 파트너링과 얼라이언싱과는 확연히 구분되며, 세 가지 관계 기반 프로젝트 발주 방식 중에서 가장 진화되어 있고,

정확히 적용하기 위해서는 상당한 수준의 린 지식과 경험이 요구된다.

[표 3.3]은 세 가지 프로젝트 발주 방식이 가장 활발하게 적용되어 온 건설 분야를 보여준다. 파트너링은 주거, 교육, 의료 서비스, 공공 건축물 등 주로 건축 시설물에 적용되었고, 호주의 얼라이언싱은 주로 정부 주도로 진행되었기 때문에 공공 시설물 및 도로, 항만 등 토목 시설물에 집중되었다. IPD는 의료 서비스 시설물과 교육 시설물에 주로 적용되었다.

[표 3.3] 파트너링, 얼라이언싱, IPD 주요 적용 건설 분야

건설 분야	파트너링	얼라이언싱	IPD
주거 시설물	v		
교육 시설물	v		v
의료 서비스 시설물	v		v
공공 시설물	v	v	
도로 터널 시설물		v	
플랜트 시설물			v

[표 3.3]은 해당 발주 방식이 어느 건설 분야부터 시작되었고, 현재 어느 분야에서 주로 활용되고 있는지 보여주는 것으로, 이를 각 발주 방식 적용 범위의 한계로 이해해서는 안 된다. 아직 활발하게 적용되지 못한 분야에서도 새로운 방식에 많은 관심을 보이고 있다. 예를 들어 미국에서는 의료 및 교육 시설물에서 IPD가 적극적으로 활용되어 왔으나, 현재 CII(Construction Industry Institute)를 중심으로 플랜트 시설물 공사에 IPD를 적용해보고자 노력하고 있다. 각각의 발주 방식을 다른 분야에 효과적으로 적용하다 보면, 경험이 쌓이면서 각 발주 방식의 틀도 분야에 맞게 변형되거나 확장될 것이다.

IPD는 병원 시설물, 대학 시설물, 최첨단 기술 산업 시설물을 중심으로 빠르게 적용되어왔다. 이러한 시설물들은 고밀도의 공간 사용률을 보이며, 다양한 목적의 기능적인 공간들을 설계하고 시공해야 하는 특징을 갖는다. 예를 들어, 병원 프로젝트는 응급실, 수술실, 진찰실, 간

호실, 병실, 로비, 카페테리아 등 다양한 목적을 가진 공간의 완성을 목표로 한다. 대학 프로젝트의 목표는 강의실, 다양한 형태의 실험실, 미디어실, 도서관, 회의실, 행정실 등 서로 목적이 다른 공간을 사용자들이 가장 효율적으로 쓸 수 있도록 설계, 시공하는 데 있다. 최첨단 기술산업 시설물은, 각 프로젝트가 매번 새로운 도전으로 비슷한 형태의 기존 프로젝트 경험이 거의 없으므로 역시 미래 사용자들의 의도를 최대한 적절히 해석하여 설계와 시공에 반영해야 하는 환경이다. 따라서 단순히 풍부한 설계 경험이나 시공 경험이 프로젝트 성공을 담보하지 못하며, 미래의 공간 사용자들과 발주자의 의도가 설계사와 시공사의 경험 및 지식과 잘 융합되어야만 프로젝트가 성공할 수 있다. 또한 공간 사용 최적화와 효율화를 위한 다양한 아이디어를 반영하고 혁신적 공간 설계 및 시공법을 시도함으로써, 프로젝트의 가치를 높이고 비용, 시간을 줄일 수 있는 가능성이 상당히 크다. 이에 IPD는 가능한 한 이른 시점에 목표 가치와 비용을 합의하여 확정하고 프로젝트를 공동으로 진행하는 것을 기본 절차로 본다.

파트너링은 다양한 분야와 다양한 규모에 성공적으로 적용되어왔다. 그중 가장 집중적으로 적용된 분야는 주거용 아파트 단지나 소규모 교육 시설물 등 거주 공간 시설물들이다. 이들은 IPD가 주로 적용된 프로젝트와는 달리, 설계사나 시공사에 축적된 경험과 노하우가 풍부한 분야이다. 또한 시설물의 공간 이용 목적이 IPD 프로젝트보다는 상당히 단순하고 거주 공간이나 제한된 범위의 공간 사용 목적을 지니고 있다는 특징이 있다. 따라서 혁신적 공간 설계나 시공 가능성은 상당히 낮다고 볼 수 있다. 대신에, 시공사와 주요 시공 협력업체들을 조기 참여시킴으로써 시공성이 높은 설계, 예산 범위 내의 시공비가 보장되는 설계를 이끌어내어 프로젝트의 가치를 최대화시키는 접근법이라 볼 수 있다. 이 관점에서 파트너링을 본다면, 두 번째 단계의 계약이 설계가 100% 완료된 단계에서 수행되는 이유가 잘 설명된다. 파트너링은 본질적으로 시공사들을 조기 참여시켜 프로젝트의 가치를 높이는 데에 초점을 맞추고 있다. 따라서 복잡도와 난이도가 아주 높은 공간에 이용이 최적화된 설계와 시공을 원한다면 IPD가 더욱 적절하다고 볼 수 있다.

얼라이언싱은 공공 토목 및 도로 시설물들에 주로 이용되어왔는데,

그중에서도 고난이도와 복잡성이 아주 높은 프로젝트에 주로 적용되었다. 이들은 사회 간접 자본 시설물들로, 수직적 시설물의 특징인 밀집된 공간 사용보다는, 수평적으로 많은 공간을 사용하는 프로젝트들이다. 따라서 상당한 양의 토공사를 수반하고 매설된 지하 시설물들과 간섭이 해결되어야 하며 다수의 땅 소유주들로부터 땅을 사들이는 절차가 필요하다. 또한 대규모 토공사와 관련된 토질이나 지반의 불확실성, 환경 문제와 고고학적 가치나 문화재 존재 여부 등 아주 다양한 이슈들을 내포하는 경향이 있다. 대부분의 비공학적 이슈들이 야기하는 위험은 단순히 설계자와 시공자에게 위험을 전가하는 형태로는 관리되기 어려우며, 프로젝트 진행 중 업무 범위가 변경될 가능성을 크게 내포하고 있다. 이렇듯 공학이나 기술과 관련되지 않은 부분에서 많은 위험성이 있고 업무 범위의 변경 가능성이 높은 경우에, 효과적인 설계-시공의 목적을 달성하면서 위험을 공동으로 나누고 관리하기 위하여 얼라이언싱 발주 방식을 사용할 수 있다.

미국, 호주 및 뉴질랜드, 영국의 건설 산업에서 거의 동시다발적으로 관계적 계약의 특성을 지닌 프로젝트 발주 방식이 등장했다는 사실은, 건설 산업이 기존 발주 방식의 한계를 느끼고 스스로 성장하고 발전하기 위한 돌파구를 마련했다고 생각된다. 각국의 발주 방식은 추구하는 가치와 기본적인 특성은 같지만, 각국 건설 산업의 특성, 발주자 요구 사항의 특성 등에 맞게 조금씩 다르게 발전해왔다. 우리나라에서도 머지않은 미래에 이같은 발주 방식을 필요로 할 가능성이 매우 크다. 이를 국내 건설 시장 환경에 맞게 발전시키고 변형하여 적용한다면, 최적의 관계적 프로젝트 발주 방식을 완성시켜 프로젝트를 성공적으로 이끌 수 있을 것이다.

IPD 발주방식 살펴보기

- IPD 발주 방식의 성과
- IPD에 '적합한'참여자와 프로젝트는?
- IPD 대표 수행 사례

IPD 발주 방식의 성과

우리나라 건설 환경에서 대부분의 발주자나 설계자, 시공자에게는 IPD가 여전히 생소하고, 직접 경험해보지 못한 새로운 방식이다. IPD가 탄생하고 발전한 미국에서도 아직까지 선진 업체들과 혁신적인 발주자들을 중심으로만 퍼져나가고 있는 실정이다. 소수의 선구자적 조직들이 혁신적인 방법을 추구한다면, 대부분의 추종자들은 그 방법이 기존 방법보다 우수하거나 최소한 더 낫다는 실증적인 확신이 들었을 때에야 비로소 움직이는 경향이 있다. 많은 발주자들이 IPD가 다른 발주 방식보다 좋은 결과를 낳는 방법이라는 실증적인 증거들을 계속 갈망해왔으나, 짧은 역사로 인해 프로젝트 적용 사례가 많지 않으므로 아직 적극적인 적용이 어려운 실정이다. 그렇지만 2010년 이후 몇몇 사례 연구를 통해 IPD 프로젝트의 결과들이 알려지기 시작했고, 일부 연구에서는 통계 분석을 통해 IPD의 성과를 분석하기도 하였다.

IPD의 성과를 측정하는 가장 정확한 방법은, 다른 조건(지역, 시기, 형태 등)이 동등한 프로젝트들을 발주 방식을 달리하여 그 결과를 비교해보는 것이겠지만, 건축 프로젝트 하나하나가 고유한 특징을 가지고 있고 고비용이 들기 때문에 이 같은 직접 비교는 거의 불가능하다. 하지만 캐나다의 에드몬톤 시에서 거의 동일한 조건을 가진 두 개의 프로젝트가 하나는 IPD로 발주되고 다른 하나는 DBB로 발주된 사례가 있어서, IPD의 효과를 가늠하는 데에 좋은 자료가 되었다. 두 프로젝트는 모두 약 3만ft^2(약 2,787m^2)의 복합 업무용 건축물 프로젝트였으며, 거의 동일 시점에 발주되었다. [표 4.1]은 두 프로젝트의 세부 비교 결과를 보여주는

데, IPD로 발주된 프로젝트의 결과는 ft^2당 단가가 $334.28/$ft^2$로, 비교 대상 프로젝트의 단가 $380.37/$ft^2$보다 비용이 약 12% 절감되었으며, 약 30%의 공기 절감 효과가 있었다. IPD 프로젝트는 12개월 만에 완공되었으나, Non-IPD(DBB) 프로젝트는 완공까지 17개월이 소요되었다. 발주자 입장에서 가장 중요한 프로젝트 성공 인자인 프로젝트 비용 및 공기 관점에서 IPD의 탁월한 성과를 설득력 있게 확인시켜주는 사례라 할 수 있다. 본 사례는 북미, 특히 캐나다 건설 시장에서 IPD의 가치를 전파하면서 자주 언급되고 있다.

[표 4.1] IPD 프로젝트와 DBB 프로젝트 비교[35]

항목	IPD 프로젝트	Non-IPD 프로젝트(DBB)
총 공사비	$10,028,450	$11,411,196
단가($/$ft^2$)	334.28	380.37
공기	12개월	17개월

익명을 요구한 미국의 주요 건축 설계 및 컨설팅 회사의 내부 자료 또한, IPD의 강력한 성과를 가늠하는 데 도움을 준다. 이 회사는 a)이윤, b)목표 비용하에 프로젝트 발주 여부(Delivery with Target Value), c)발주자 만족도(Owner Satisfaction)라는 3가지 지표를 가지고 회사에서 참여한 IPD 프로젝트들과 비IPD 프로젝트(Non-IPD)들 간의 결과를 비교하였다.([그림 4.1]) IPD를 적용하지 않은 프로젝트(좌측)와 IPD를 적용한 프로젝트(우측)를 비교 분석한 결과 IPD를 적용한 프로젝트가 발주자의 만족도, 목표 비용 만족도, 프로젝트 이윤 측면 모두에서 월등한 결과를 나타냈다. 7개의 비IPD 프로젝트 중 단 1개의 프로젝트만이 세 가지 지표를 충족하는 결과를 보여주는 반면, 5개의 IPD 프로젝트 모두에서 성공적인 결과를 보여주며 IPD의 강력한 능력을 보여주고 있다.

콜로라도 주립대(University of Colorado)의 키스 몰리나(Keith Molenaar) 박사 팀은 최근에 아주 유익한 연구를 수행하였다.[36] 이 연구에서는 2008년부터 2013년까지 완공된 미국 내 204개의 다양한 프로젝트(교육 시설물, 병원 시설물, 호텔, 상업 시설물, 스포츠 시설물, 공업 생산 시설물 등)를 대상으로 프로젝트

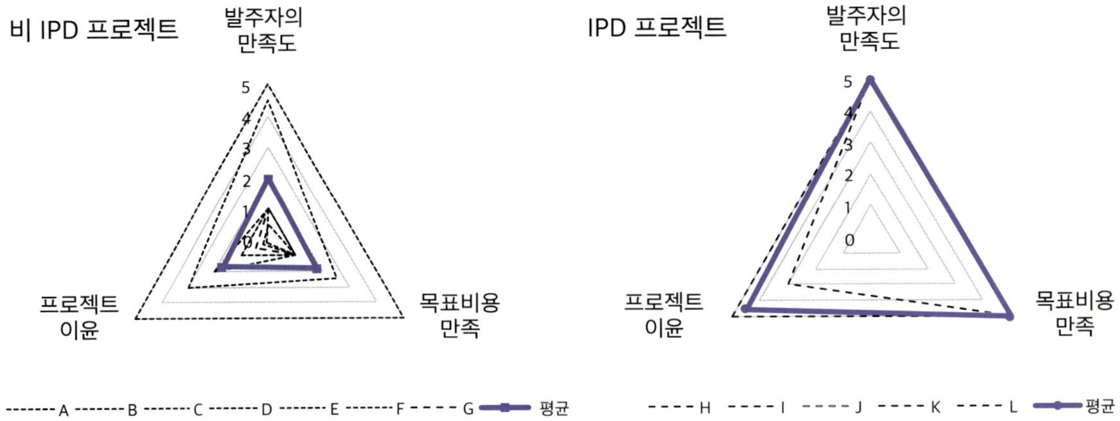

[그림 4.1] 비IPD IPD와 프로젝트 비교

발주 방식별로 그룹 간 결속력(Group Cohesion)과 팀 융합도(Team Integration)를 측정하였다. 여기에서 그룹 간 결속력은 팀 멤버들 간 서로 공유하는 업무에 대한 헌신도, 그룹의 자신감, 개인들 간의 지지도(Alignment)로 정의하였고, 팀 융합도는 다른 조직에서 온 팀 멤버들 간 공동 협업 활동에 참여하는 정도로 정의하였다.

[그림 4.2]는 해당 연구의 측정 결과를 보여주는데, 데이터의 분산

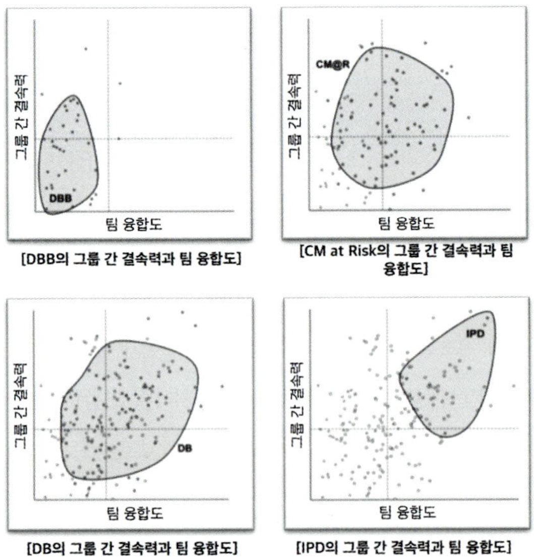

[그림 4.2] 프로젝트 발주 방식별 그룹 간 결속력과 팀 융합도

정도는 다르지만 전체적인 차이점을 명쾌하게 보여주고 있다. 그룹 간 결속력(Y축), 팀 융합도(X축)라는 두 지표에 대해 각 프로젝트 발주 방식의 성과치를 음영 처리된 부분으로 보여주고 있다. 그래프의 우측 상향에 표본이 집중되어 있을수록 그룹 간 결속력이 크고 팀 융합도가 높다는 것을 의미한다. 두 지표에 대해 DBB가 가장 낮은 성과를 보여주고 있고, 시공책임형 CM(CM at Risk)과 DB는 둘 다 DBB보다는 전반적으로 높은 성과를 나타내며 비슷한 패턴을 보인다. 이 연구에서 추정에 사용한 IPD 프로젝트는 3건으로 비록 확정적 결론을 도출하기에는 한계가 있으나, 다른 어떤 발주 방식보다 강한 멤버들 간 결속력과 높은 팀 융합도를 보여준다.

이 연구에서 더욱 중요한 발견은 공사 기간이 지연된 프로젝트들 중 70%는 평균보다 낮은 팀 융합도를 보였고, 공사비 초과가 일어나지 않고 예정 공사비 범위 내에서 공사가 끝난 프로젝트들 중 60%는 평균보다 높은 그룹 간 결속력을 보였다는 사실이다. 이러한 결과를 바탕으로 그룹 간 결속력과 팀 융합도가 높을 때, 즉 IPD 형태의 프로젝트 발주 방식이 사용될 때에 공사비가 초과될 확률이 낮아진다는 결론에 도달할 수 있다.

2016년부터 시작해 2019년 초에 완료한 미국 건설 산업 협회의 IPD 연구 프로젝트에서도, 심도 있는 연구 결과가 나왔다. 2016년 건설업계 리더들이 모이는 컨퍼런스에서 행한 설문 조사를 통해 IPD를 아직 경험해보지 못한 회사들 중 약 63%가 조만간 IPD 형태의 프로젝트를 시작할 계획이 있다는 점을 확인하였다. 또한 협업 및 통합의 전략과 방법이 다양하게 쓰인 85개 프로젝트를 대상으로 설문지 조사 내용을 적용하여 심층 분석하였다. 85개 프로젝트는 CII 회원사들이 참여한 프로젝트로, 발전소나 인프라 프로젝트 27개, 자원 채굴(Upstream and Mining) 프로젝트 18개, 케미컬 플랜트(Downstream and Chemicals) 프로젝트 19개, 병원 시설물 프로젝트 5개, 공장 시설물 프로젝트 16개로 구성되었다. 프로젝트 규모는 작게는 한화 약 20억원 프로젝트부터 크게는 14조원 대형 프로젝트까지 포함되었는데, 대체로 대형 복합형 프로젝트 위주로 구성되었다. 평균 30년의 경험을 가진 프로젝트 관리 베테랑들이 자신들의 경험과 지식을 반영하여 설문에 응답하였다. 앞서 2장에서 설명한 다양한 IPD 전략과 방법이 프로젝트에 사용된 정도를 1-100까

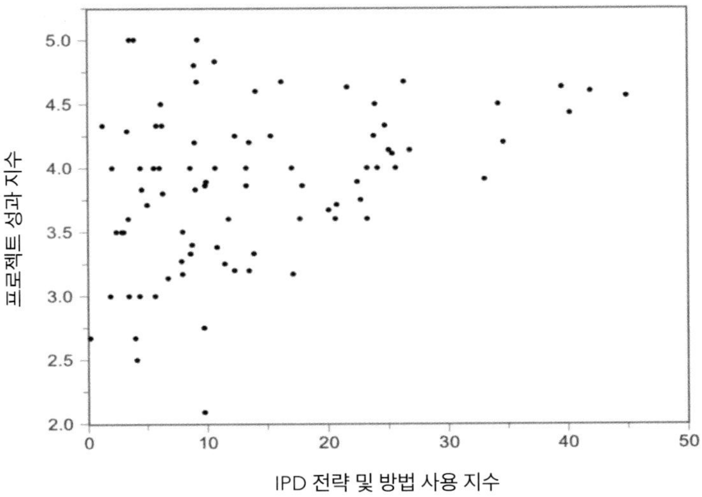

[그림 4.3] IPD 전략 및 방법 사용 지수 대 프로젝트 성과 지수

지 지수화하고, 프로젝트 성과를 1점부터 5점까지 평가한 후(3점: 일반 프로젝트의 기대 결과치) 산포도를 생성하면 [그림 4.3]과 같다.

본 산포도에서 가장 먼저 주목할 부분은 오른쪽 아래에 데이터가 전혀 없다는 점이다. 또한 IPD 전략 및 방법 사용 지수가 약 15 이하일 경우에는 프로젝트 성과 지수가 어떤 패턴을 보이지 않고 넓게 퍼져 있는 점도 주목할 만하다. 이는 무엇을 시사하는 것일까? 첫째, IPD 전략 및 방법 사용 지수가 높아질수록 프로젝트 성과 지수가 계속 상승하는 패턴은 프로젝트에서 IPD 전략과 방법을 많이 쓰면 쓸수록 프로젝트 성과가 긍정적으로 수렴해간다는 사실을 보여준다. 둘째, 오른쪽 하단 부분에 데이터가 전혀 없는 것은 IPD 전략 및 방법을 많이 쓰면 쓸수록 프로젝트 성과 예측에 대한 불확실성이 감소한다는 사실을 의미한다. 프로젝트 관리에 있어서 가장 중요한 이슈 중 하나가 예측 불확실성을 줄이는 것인데, IPD의 전략 및 방법이 강한 긍정적 방향으로 이에 기여한다고 볼 수 있다. 셋째, IPD 전략과 방법이 특정 수준 이하로 사용될 경우([그림 4.3]에서는 15 이하) 데이터가 통일성 없이 산만하게 분포되는데, 이 경우 프로젝트 성과를 예측하기 극히 어렵다는 결론을 유추할 수 있다. 연구팀은 위 결론들을 다양한 통계 기법을 통해 증명하였는데, 특히 첫 번째와 두 번째 결론은 매우 강력한 메시지를 담고 있는 것으로, IPD

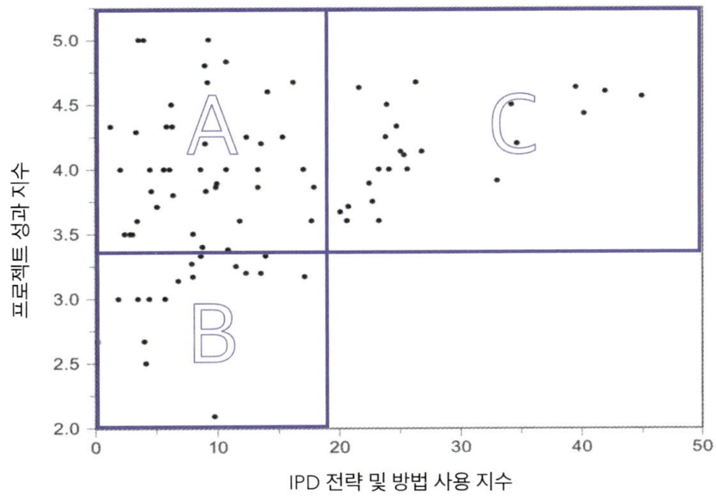

[그림 4.4] IPD 전략 및 방법 사용 지수 대 프로젝트 성과 지수 - 리더십의 역할

의 긍정적 가치가 통계적으로 확증되었다고 볼 수 있다.

더 상세한 구조적 분석을 위해 위 데이터를 [그림 4.4]에서처럼 A, B, C 구역으로 분리하여 보면, A 영역에 있는 프로젝트들은 IPD의 전략, 원리 및 방법이 쓰이지 않았는데도 성공적으로 완료된 경우인데, 아마도 다른 성공 요인들이 있었을 거라 사료된다. 연구팀이 통계적으로 유의미한 인자들을 찾아내려 하였으나, 의미 있는 인자들을 도출하지는 못하였다. 하지만 프로젝트 리더에게 강한 리더십이 있거나, 프로젝트의 복잡성이 낮거나, 프로젝트가 반복형 형태였거나 하는 경우들처럼 위험 요소가 상당히 제거된 프로젝트였을 수 있다.

B 영역에 있는 프로젝트들은 IPD의 전략, 원리 및 방법들이 활용되지 않았고 프로젝트가 실패한 경우인데, 이들의 공통 분모를 분석한 결과 프로젝트 관리자들의 취약한 리더십이 큰 이유로 꼽혔다. 즉 IPD의 전략, 원리 및 방법들이 사용되지 않는 전통적 프로젝트 환경하에서는 프로젝트 실패를 피하기 위해 리더들의 강한 지도력이 기대된다 하겠다.

C 영역의 프로젝트들은 놀랍게도 프로젝트 관리자의 리더십과 프로젝트 성공 간의 연관성이 낮았다. 이는 상식적인 지혜와 상반되는 결론인데, IPD 환경하에서는 전통적 의미에서의 강한 지도력, 상명하복 형태의 하향식(Top-down) 리더십 형태가 강하게 발휘되지 않기 때문이

다. IPD는 상향식(Bottom-up) 리더십과 상호 교류, 신뢰를 바탕으로 하는 의사 결정 과정을 중심으로 하다 보니, 하향식 리더십이 보이지 않고 그 역할도 크지 않기 때문이다. 프로젝트 참여자들에게 골고루 넓게 분포되는 리더십과 의사 결정 과정은 각자에게 권한 이양의 효과가 있어서 기존에 몇몇 사람에게 집중되었던 리더십과 그 리더십의 역량에 따라 프로젝트의 성공과 실패가 좌우되는 모델이 작동하지 않는다는 의미이다.

이같은 결과는 미래 IPD 프로젝트에 관심 있는 발주자와 설계사, 시공사에게 시사하는 바가 크다. IPD 프로젝트에서는 기존의 프로젝트 관리 이론에서 상식적으로 통하던 강하고 뛰어난 프로젝트 관리자의 개인적 리더십이 조금 부족하더라도 프로젝트가 성공할 확률이 아주 높다는 의미이기 때문이다. IPD 전략과 방법을 적절히 조화롭게 사용할 경우, 한 명의 뛰어난 리더가 없더라도 프로젝트가 성공할 수 있다는 뜻이다. 이러한 결론은, 현 시점에 IPD 최고 전문가 중 한 명인 하워드 애시크래프트(Howard Ashcraft)가 개념적으로 주장해온 IPD - Project Centered Focus([그림 4.5])를 다시 한번 통계적으로 입증하는 것이다.

[그림 4.5]는 하향식(Top-down) 리더십에 의존하는 전통적인 발주 방식(왼쪽)에서 프로젝트팀 내 협력 및 통합에 의존하는 모델(오른쪽)로의 조직 구조 변화를 시사한다. 전통적 프로젝트 발주 방식에서는 협력 및 통합의 원리가 거의 사용되지 않고, 강력한 하향식 리더십에 의지하는 경향이 있다. 때문에 능력 있고 강한 리더십의 부재는 프로젝트팀 전체의 집중력을 상실시키고 성과 목표 달성에 어려움을 겪게 만든다. 반면 IPD에서는 프로젝트 참여자들 간의 협업과 통합 환경이 프로젝트 성과 목표 달성을 중심으로 하는 구조를 만든다. 다시 말해, 전통적인 프로젝트 발주 방식은 중심에서 벗어나려는 관성을 발생시키는 환경을 형성하기 때문에 강한 리더십과 팀원들의 노력으로 프로젝트를 중심에 위치하도록 하는 지속적인 활동이 필요하지만(왼쪽 그림), IPD 프로젝트 발주 방식은 중심에서 벗어난다 할지라도 다시 중심으로 돌아오는 관성을 만드는 환경이 조성되어(오른쪽 그림), 프로젝트를 성공적으로 이끌 확률이 훨씬 높아진다. 이 환경은 상호 신뢰, 열린 소통, 공동 의사 결정 등 IPD 전략과 방법을 일컫는다.

이러한 연구 결과들을 살펴보면, IPD가 프로젝트 전반에 걸쳐 긍정적이고 지속적인 활력을 불어넣고, 비용, 공기, 품질 측면에서 프로젝트의 성공 가능성을 높이는 데 기여함은 명백하다. 그렇다면 IPD를 통해 각 프로젝트 참여자는 어떠한 직간접적인 이점을 얻을 수 있을까? 미국 건축가 협회(AIA)에서는 2007년에 「IPD 가이드북」을 발간하여 IPD의 원리, 방법론, 팀 구성 및 각 참여자의 역할, 계약 등의 정보를 제공하였으며, IPD를 적용했을 때에 각 참여자가 얻을 수 있는 이점에 대해서도 기술하였다. 또한 미국 일리노이주 시카고에 위치한 법률 전문 회사인 쉬프 하딘(Schiff Hardin LLP)에서도 IPD 프로젝트로부터 참여자가 얻을 수 있는 이득을 제시하였다. 두 연구를 분석하여, IPD 프로젝트 참여자들이 얻을 수 있는 이점을 다음과 같이 정리할 수 있다.

발주자가 IPD를 통해 얻을 수 있는 가장 큰 이점은 바로 프로젝트 목표 달성 가능성 확대이다. 프로젝트 정보를 초기에 공유하는 IPD의 특성은 참여자들 간의 커뮤니케이션을 간소화하고, 발주자가 목표 달성을 위한 프로젝트의 요구 사항에 대해 효과적으로 균형을 맞출 수 있도록 한다. 설계사와 시공사가 합의한 설계대로 시공을 진행하기 때문에 분쟁의 소지를 줄일 수 있다는 것도 큰 장점이다. 또한 IPD는 발주자가 원하는 프로젝트 목표 달성을 위한 참여자들의 전반적인 이해를 강화시키며, 프로젝트 예산을 조기에 확정할 수 있어 비용 초과 가능성을 방지하고, 장기적으로는 발주자의 예산 관리 능력을 향상시킨다. 시공사의 조기 참여로 설계 시의 낭비를 줄일 수 있어 비용 효율적인 설계가 완성되며, 프로젝트 입찰 과정에서 RFP를 생략하는 등 불필요한 부담

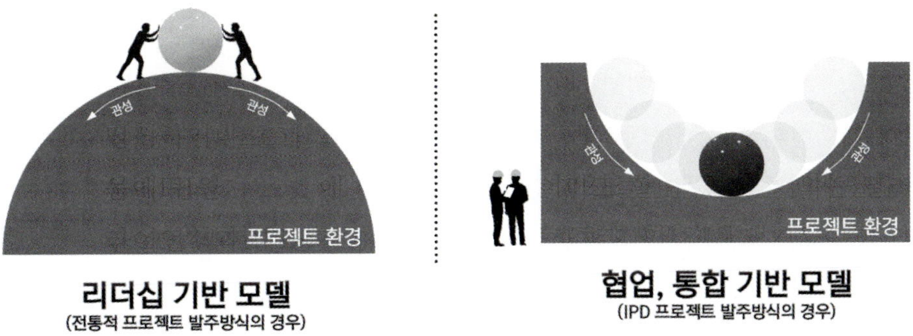

[그림 4.5] IPD - Project Centered Focus

을 줄일 수 있다. 결과적으로 IPD를 채택함으로써 발주자는 공기, 프로젝트 생애 주기 비용, 품질 및 지속 가능성 등을 포함한 프로젝트 목표 달성 가능성을 크게 증대시킬 수 있다.

설계사는 IPD의 특성인 시공사의 설계 단계 조기 참여로 큰 이점이 있다. 설계사는 시공사의 전문 지식을 토대로 실제로 실현 가능한 설계를 결정할 수 있기 때문에 보다 정확한 견적이 가능하며, 설계 관련 문제를 시공 전에 발견하여 해결할 수 있다. 또한 초기 설계 단계에서 문서화 시간을 단축시키고, 예산 관리를 개선하며 프로젝트 목표 달성 가능성을 증가시킨다. 공기와 공사 일정 보장, 클레임 감소 등의 결과물을 추후 마케팅에 활용하여 기업의 긍정적 이미지에 기여할 수 있다는 것도 큰 장점이다.

시공사는 IPD를 통해 시공 단계에 발생 가능한 리스크를 사전에 방지할 수 있다는 큰 이점을 갖는다. IPD는 시공사가 설계 프로세스 초기에 참여하여 설계 단계 중 시공 기술 전문성을 설계에 반영할 수 있도록 하는데, 이 과정에서 설계 관련 문제를 조기에 발견하고 조기에 해결하여 실현 가능성이 부족한 설계를 배제하게 된다. 재무 성과를 개선할 수 있는 것 또한 시공사에게 큰 이점이다. 설계 단계의 시공사 참여로 보다 효율적인 시공전 단계를 발주자에게 제공할 수 있으며, 시공 시작 전에 시공 단계를 시각화하는 것이 가능해진다. 결과적으로 시공사는 발주자가 원하는 프로젝트 목표 달성을 위한 공기, 품질, 지속 가능성 등을 확보할 수 있다.

IPD에 '적합한' 참여자와 프로젝트는?

모든 프로젝트 발주 방식이 그렇듯이 IPD에도 소위 말하는 '적합한' 참여자와 '적합한' 프로젝트가 있다. 이번 장에서는 어떤 특성을 가진 프로젝트와 참여자에게 IPD의 원리가 효과적으로 작동되고, 시너지를 발휘하여 팀원 전체가 만족하면서 우수한 결과를 낼 수 있는지 알아보도록 하겠다.

앞에서 이미 설명했듯이 IPD는 전통적인 발주 방식보다 프로젝트 초창기에 집중적인 참여와 리더십, 관리 능력이 필요하다. 이 노력의 대부분은 프로젝트를 진행하며, 혹은 프로젝트 완료 이후에 충분히 여러 형태의 혜택(공기 단축, 비용 절감, 프로젝트 가치 향상 등)으로 보상되지만, 인내의 시간이 필요하다 하겠다.

발주자로서는 IPD를 쓸 것인지 말 것인지 결정하기 위해 프로젝트의 특성이 과연 IPD에 적합한지, 우리 조직의 문화와 역할, 기능 등이 IPD와 잘 어우러질 수 있는지를 스스로 먼저 평가하여야 한다. 현명한 발주자는 IPD의 이점을 이끌어낼 수 있는 프로세스를 적극 활용하고, 변화를 수용할 의지와 능력을 정직하게 판단할 줄 알아야 한다. IPD를 처음 시도해보는 경우라면, 외부 전문가들이나 IPD 컨설팅 업체의 자문과 도움을 받는 것도 성공적 IPD 프로젝트 수행을 위해 적극 고려해야 할 사항이다.

어떤 프로젝트 참여자가 IPD에 적합한가?

모든 프로젝트가 IPD에 적합한 것은 아니며, IPD가 모든 개인이나 조직에 적합한 것도 아니다. 다만 프로젝트 자체는 변화가 어려운 특성을 갖고 있지만, IPD 프로젝트를 받아들이기 위하여 개인과 조직은 변화할 수 있다. 시간이 지나면서, 개인의 행동은 조직을 변화시키기 마련이다. 핵심 요인은 "현재 우리 조직이 IPD에 완벽하게 적합한가?"가 아니라, 성공적인 IPD 수행을 위하여 "변화를 받아들일 준비가 되었는가?"이다. 변화를 받아들일 준비에 대하여 "아직 우리 조직은 그렇지 않다."고 답할 수도 있겠으나, 조직의 IPD '적합성'은 시간이 지남에 따라 진화할 것이기 때문에 어느 조직이든 의지에 따라 IPD를 성공적으로 수행할 수 있는 잠재력이 있다.

IPD를 받아들이는 긍정적인 자세는 발주자들에게 특히 중요하다. 발주자들에게는 지금 당장 눈앞에 보이는 프로젝트 이익보다는 지속적으로 개선되고 신뢰할 수 있는 프로젝트 관리 시스템을 만드는 것이 장기적인 관점에서 볼 때 이득이기 때문이다. 조직이 완전한 변화를 맞이할 준비가 되지 않은 경우, 조직 내에 IPD의 효과를 증명할 수 있는 선별된 팀을 꾸려 파일럿 프로젝트로 IPD에 처음 접근하는 방식 또한 좋은 시작점이 된다.

어떤 발주자 조직이 IPD에 적합한가?

발주자의 역할은 IPD 프로젝트에서 특히 중요하다. 발주자는 프로젝트 팀 전체가 향해야 하는 목표를 정의하고, 방향성을 설정하며, 팀 내 협업을 위한 기반을 마련하는 위치에 있기 때문이다. 앞으로 논의할 IPD에 적합한 발주자 조직의 속성은 모든 IPD 프로젝트 참여자들에게 적용되는 것이지만, 발주자 조직에 각별히 더 중요하다.

적극적으로 관여하는 발주자

많은 발주자들, 특히 건설 프로젝트에 경험이 많지 않은 발주자들은, 자신의 역할을 단순하게 프로젝트에 돈을 대는 지극히 제한적인 것으로 생각하는 경우가 많다. 기획, 설계, 시공, 고용된 모든 업체들이 스스로 발주자의 마음을 읽고 처리해주기를 바라는 것이다. 이같이 발주자가 관망적 태도를 취하면 어떤 발주 방식으로 프로젝트를 진행하더라도 실패할 확률이 높다는 것은 건설업계의 기본 상식이다. 똑똑한 발주자일수록 치밀하게 계획하고 적절한 시점에 적극적으로 관여하고 의사 결정을 내려야 하며, 그것이 설계와 시공사들의 어림짐작(Guessing Games)을 줄이고 성공에 이르게 하는 필수 요건이다. IPD는 한발 더 나아가 대부분의 프로젝트 참여자들이 프로젝트 초기부터 참여하므로 발주자의 적극적 관여가 더욱 중요해진다.

발주자 조직은 사업관리팀에 직접 참여해야 하고, 실제 업무를 수행하는 팀에도 참여해야 한다. 따라서 발주자는 IPD를 적용하기 전에 "과연 우리 조직이 프로젝트에 깊이 참여할 수 있는 의사와 능력이 있는가?"를 스스로 평가해보아야 한다. 프로젝트에 적극 참여하기 위해서는 기존 발주 방식에서는 요구하지 않는 추가적인 노력을 필요로 하지만, 이를 발주자가 프로젝트 결과에 직접적인 영향을 줄 수 있는 기회로 받아들일 수도 있다. 발주자가 직접 관여함으로써 공기의 지연과 설계 변경, 재작업 등 낭비를 크게 줄일 수 있다는 점을 인지해야 한다. 적극적인 발주자는 항상 프로젝트 현황과 진행 상황을 알고 있으며 프로젝트가 완료되기 훨씬 이전에 결과를 예측할 수 있다. IPD가 생소한 발주자라면, 자신의 조직을 보완하기 위해 외부 컨설턴트를 고용하는 것도 좋은 아이디어이다. 그러나 궁극적으로 주요 의사 결정을 발주자가 내려야 한다는 사실은 변하지 않으며, 자신이 내린 결정에 대한 책임을 위

임할 수는 없다는 점을 항상 명심해야 한다.

협력하고 협조하는 발주자

IPD는 협력과 통합을 바탕으로 하는, 상호 신뢰 기반의 프로젝트 발주 방식이다. 발주자가 협업을 통해 이득을 얻고 싶다면, 발주자 또한 참여자들에게 협력적인 태도를 가져야 한다는 의미이다. 발주자가 자기 문제에만 관심을 갖고 상하 관계와 같은 수직적 의사 결정을 선호한다는 것을 프로젝트 참여자들이 인지하게 될 경우, 참여 회사들 모두 프로젝트 전체의 가치보다 자기 회사만을 우선시하는 분위기가 급격히 형성될 수 있다. 이는 '프로젝트 중심 의사 결정(Best for Project)'이라는 IPD의 가장 중요한 철학적 특성에 지극히 반대되는 문화이다. 발주자가 수평적 구조를 철저히 이해하고 정직성과 투명성을 처음부터 끝까지 유지하는 것이 무엇보다 중요하다.

한 예로, 기존의 프로젝트 발주 방식 환경에서 발주자들은 가장 경쟁력 있는 가격(저가)을 얻기 위해, 발주자가 책정한 예산과 예비비 등을 참여 회사들에게 공개하지 않는다. IPD 환경에서는 반대로, 참여 회사들에게 발주자의 예산과 예비비 등을 공개하고, 이를 시작점으로 창조적인 원가 절감, 공기 절감, 품질 향상 등을 위한 아이디어를 독려한다. 이는 발주자의 의도와 가진 자원을 참여 회사들이 최대한 이해하고 상호 신뢰할 때, 가장 합리적인 대안들을 만들어낼 수 있다는 사실에 바탕을 둔다.

기존의 프로젝트 발주 방식에 익숙한 발주자라면, 명령, 업무 지시, 성과 비판, 마감일 미수에 대한 벌칙 집행 등 명령과 통제 스타일의 리더십에 익숙하다. 한국 문화의 병폐로 꾸준히 지적되어온 갑을 문화도 이러한 방식의 리더십 형성에 큰 역할을 하고 있다. 이런 리더십에 익숙한 발주자들, 새로운 수평적 리더십에 열린 생각이 없는 발주자들은 IPD 프로젝트를 무력화시키고 실패하게 만드는 주요 요인이 될 수 있다. 발주자 조직에 대해 IPD 전문가 집단의 지속적인 교육과 트레이닝이 도움이 될 수는 있겠지만, 발주자 조직의 의지가 무엇보다 중요하다.

역량 있는 발주자

발주자의 의지나 생각이 현실적이지 않으면 프로젝트 참여자들에게 제대로 전달되지 않고, 발주자가 프로젝트 참여자들과 교감하기 어렵다. 발주자의 프로젝트 관리자는 프로젝트 의사 결정에 참여하기 위해 설계 및 시공 프로세스에 대해 이해해야 하고, 이것은 프로젝트의 성공과 직결된다. 발주자 조직이 설계-시공에 경험과 이해도가 떨어질 경우, 신뢰할 수 있는 프로젝트 관리 컨설팅 업체로부터 지속적인 조언을 얻는 것이 무엇보다 필요하다. 이때 프로젝트 관리 컨설팅 업체의 IPD 경험과 이해도는 업체 선정에 있어 가장 중요한 요인이 되어야 한다. IPD는 기존의 발주 방식과는 다르게 프로젝트 초기 단계부터 발주자의 참여를 필요로 한다. IPD의 효율을 높이기 위해서 발주자는 다음과 같은 능력을 갖춰야 한다.[37]

- 프로젝트 팀과 함께해야 하는 의사 결정을 명확하게 정의할 수 있어야 한다.
- 의사 결정을 위한 이해관계자를 식별할 수 있어야 한다.
- 의사 결정에 따른 예상되는 리스크를 식별할 수 있어야 한다.
- 의사 결정을 위하여 어떤 정보가 필요한지 결정할 수 있어야 한다.
- 의사 결정이 팀의 책임인지, 제3자가 결정을 내려야 하는 것인지를 결정할 수 있어야 한다.
- 의사 결정 과정에 소요되는 일정을 고려할 수 있어야 한다.
- 정보를 모으고 최종 의사 결정을 내릴 수 있어야 한다.

Best 발주자 사례

애크런 어린이 병원(Akron Children's Hospital) 프로젝트(4장 참고)는 기존 병원 시설물에 새로운 건물을 증축하는 프로젝트로 한화 약 2,000억원의 예산으로 약 4년 동안 진행된 대형 프로젝트였다. 발주자는 다양한 프로젝트 발주 방식에 익숙하였으나, 당시 병원 근처에 다른 어린이 병원이 있어 경쟁이 치열했고, 어린이 인구의 동향이 유지된다는 점을 예상하고, 다양한 상황을 고려하여 IPD를 적용하기로 결정하였다.

발주자는 린 설계 및 시공에 대한 경험이 있고 이해도가 높았으며, IPD 및 린 프로세스와 방법론을 적용하는 것에 적극적인 자세를 갖고 있었다. 이를 바탕으로 설계사와 시공사를 선정할 때에도 장점에 기반한 선택(CBA)을 사용했고, A3 보고서, TVD, 라스트 플래너 시스템, 빅룸 등 다양한 IPD 도구를 적극적으로 활용할 수 있었다. 또한 발주자는 프로젝트 계획 단계에 IPD 워크숍을 진행하여 프로젝트 참여자들의 IPD 계약에 대한 이해를 높이고, 설계 단계에 격주로 IPD 및 린 교육을 시행하는 등 협업의 효과를 높이기 위해 지속적으로 노력했다.

발주자의 IPD에 대한 높은 이해도와 협업을 지원하기 위한 다양한 노력을 토대로, 이 프로젝트는 결과적으로 목표 비용 대비 약 9백만 달러를 절감할 수 있었다.

어떤 설계사가 IPD에 적합한가?

IPD 프로젝트에서는 설계가 진행되는 동안 설계 대안들이 빈번하게 검토되며, 시공사와 주요 협력업체들을 포함하는 모든 참여자가 설계 진행 상황과 그 내용들을 볼 수 있는 연속적인 설계 흐름을 가진다. 설계사는 이 흐름을 자연스럽게 받아들일 줄 알아야 한다. 예를 들어 설계사는 예비 설계에 기초한 불완전한 공사비 추정에 관련된 의사 결정 과정을 이해하고 받아들이는 자세를 가져야 한다. 또한 전체 프로세스는 IPD 참여 업체들 간의 지속적인 상호 작용을 거쳐 민주적으로 의사 결정이 이루어진다는 점도 받아들일 수 있어야 한다. IPD 환경에서 경험한 많은 설계 회사들은 사실 IPD가 설계 과정에 더 풍부한 활력을 불어넣으며, 시공사와 구축된 신뢰 관계 덕분에 설계사는 창조적인 측면에 더욱 집중할 수 있었다고 말하고 있다. 하지만 IPD 경험이 거의 없는 설계사들은, 오히려 개방적이고 유동적인 설계 특성을 반영하는 것을 우려하는 경향이 있다.

설계사도 IPD 프로젝트 관리에 동등하게 관여하고 있기 때문에, 설계 자체보다 넓은 관점에서 프로젝트를 이해하고 책임 있게 행동해야 한다. 이는 프로젝트 관리와 리더십, 비용과 일정 관리 및 이와 유사한 문제에 대한 높은 수준의 이해를 의미하며, 프로젝트 팀 내 다른 구성원의 작업에 따라 자체 예산과 결과물을 예측하고 관리할 수 있어야 한다. 이렇게 하려면 설계사 입장에서는 추가적인 노력이 필요하지만, IPD 프로젝트의 설계사들은 자신의 사무실에 고립되어 있는 설계사들보다 프로젝트를 훨씬 더 깊이 이해하게 되는 장점이 있고, 이는 보다 효율적인 결과물로 이어지게 된다. 빅룸으로 대표되는 설계사와 시공사들의 공동 업무 공간 공유에 대해서도 적극적이고 긍정적인 생각을 가진 설계사가 이상적이라 하겠다.

Best 설계사 사례

이디스 그린 웬들 와이어트 연방 빌딩(Edith Green Wendell Wyatt Federal Building) 프로젝트는 정부 기관 건축물의 리모델링 프로젝트로, 정부의 요구 사항에 맞는 건축물을 발주하기 위하여 IPD를 적용했다. 이 프로젝트는 고성능 친환경 건축물 디자인 요소를 포함하고 있었고, 일정, 예산, 건축물의 성능 등 프로젝트 요구 사항이 까다로웠기 때문에 BIM이 매우 중요하게 사용되었다. 설계 회사였던 세라(SERA)가 과거의 경험을 바탕으로 BIM 클러스터를 꾸렸고, BIM 모델을 리드하는 역할을 맡았다. 설계사는 BIM 클러스터를 구성하기 위한 규칙과 지침서를 별도로 개발했는데, BIM 경험, 기술적 능숙함, 관계 구축 기술 항목 등이 포함되었다. 또한 BIM 오리엔테이션과 교육을 통해 각 구성원에게 필요한 기술을 이해시키기도 했다. 또한 세라는 프로젝트 초기부터 빅룸에 상주하여 시공사, 협력업체 등으로부터 BIM 도면을 받아 통합시키는 역할을 도맡았다. 결과적으로 정부에서 요구하는 모든 기준에 부합하도록 프로젝트를 마무리할 수 있었다.

어떤 시공사가 IPD에 적합한가?

IPD 프로세스에는 발주자, 설계사 그리고 시공사들 간의 끊임없는 협업과 교류, 보다 수평적인 의사 결정이 핵심이다. 따라서 시공사가 전통적인 시공 중심의 역할에 익숙하고, 권위주의적인 명령과 통제 스타일의 현장 관리와 프로젝트 진행에 특화되어 있다면, IPD에 적합한 시공사가 아닐 수 있다. 시공사로서 건설관리형 프로젝트에 경험이 깊고, 설계사와 동등한 자격으로 설계 단계부터 관여한 경험이 풍부한 시공사가 좀 더 유연한 조직과 관계를 형성할 수 있어 IPD에 보다 적합하다고 볼 수 있다.

베스트(Best) 시공사 사례

오토데스크(Autodesk)사의 AEC Solutions Division Headquarters

Project는 8개월 동안 진행된 사무실 인테리어 프로젝트로, 복잡한 디자인 요소를 포함하고 있었고 촉박한 공사 기간을 요구하는 프로젝트였다.

시공사였던 토치(Tocci)는 본인들의 프로젝트 경험을 바탕으로 함께 공사를 하기에 적합한 설계사를 선택했다. 프로젝트 참여를 희망하는 설계사의 RFP와 명성 등을 판단하는 안목이 필요했다.

프로젝트에서 별도의 빅룸을 꾸리지는 않았으나, 설계 단계에 시공 지식을 반영하여 시공성을 확보하기 위해서 토치의 시공팀이 설계사에 입주했고, 설계에 대한 피드백을 제공하였다. 발주자의 요구에 따라 빈번한 설계 변경이 발생했던 프로젝트였는데, 설계사가 여러 대안을 모델링하면 시공사는 이 대안들이 프로젝트 전체 비용과 일정에 미치는 영향을 연구하고 발주자에게 정보를 제공함으로써 최적의 대안을 선정할 수 있게 하였다. 결과적으로 11만 6천 달러의 비용 절감을 가져왔고, 촉박한 프로젝트 일정도 지킬 수 있었다.

어떤 협력업체 및 전문 시공업체가 IPD에 적합한가?

시공 협력업체들이나 전문 시공업체들도 IPD 발주 방식에서는 전통적인 발주와 시공 업무뿐만 아니라 설계, 시공성 분석, 가치 공학(Value Engineering), 신속한 비용 분석 등에 직접 관여하게 된다. 전문 시공업체의 축적된 현장 경험과 지식은 시공 재료, 시공 순서 및 방법을 결정하는 데 큰 역할을 할 수 있다. 그러므로 이전에 설계 지원이나 시공성 분석 등에 발주자와 설계사들과 함께한 경험이 있는 업체들이나, 협업 환경에 큰 거부감이 없는 문화를 가진 업체들이 IPD에 이상적인 협력업체 및 전문 시공업체라 하겠다. 또한 IPD에는 다양한 설계 및 시공 옵션들에 대한 빠르고 잦은 비용 예측과 보고가 필요하고, 이에 따른 회계적인 부분에서의 세부 사항이 상당히 증가하므로 책임성과 이해도가 높고 적극적으로 소통하려는 의지와 관련 경험이 있는 업체가 IPD에 이상적이다.

어떤 프로젝트가 IPD에 적합한가?

아직까지 IPD가 프로젝트에서 올바르게 작동하고 효과가 있는지를 계산하기 위한 특정 공식은 없지만, 최근 출간된 「IPD - 리더를 위한 행동 가이드」[38]에서는 다음 다섯 가지 프로젝트 특성을 분석함으로써, 해당 프로젝트에 IPD 적용이 적합한지 판단할 수 있다고 본다.

- 프로젝트 혁신성(Level of Ambition)
- 스트레스 요인(Stressors)
- 프로젝트 명확성(Level of Clarity)
- 변경 확률(Probability of Change)
- 복잡성 (Complexity)

아래의 [표 4.2]는 이같은 다섯 가지 프로젝트 특성을 바탕으로 발주자가 IPD를 프로젝트에 적용할지 고민할 때 자가 진단을 돕기 위한 체크리스트이다.

각 특성에 대한 평가가 '낮음'이라면, 기존의 프로젝트 발주 방식을 선택하는 것이 결과적으로 더 적합할 수 있다. 그러나 각 특성들에 대한 평가가 '높음'으로 나온다면, IPD를 적극적으로 고려할 수 있다. 예를 들어 프로젝트가 기술적 혁신성이나 독창적 디자인 등 다양한 혁신적 목적을 추구한다면, 설계사와 시공사들이 머리를 맞대고 창조적인 설계 및

[표 4.2] IPD 적용을 위한 프로젝트 자가 진단 체크리스트

프로젝트 특성	자가 진단 항목	높다	낮다
프로젝트 혁신성 (Level of Ambition)	프로젝트의 기술적 혁신성	v	
	프로젝트의 독창적 디자인		v
	기타 혁신성		
	프로젝트의 지속 가능성에 대한 목표		
스트레스 요인 (Stressor)	예산에 대한 압박		
	공기에 대한 압박		
프로젝트 명확성 (Level of Clarity)	현재 프로젝트 범위의 발전 필요성		
	프로젝트 범위 발전을 위해 예상되는 시간		
변경 가능성 (Probability of Change)	기술 변경 발생 가능성		
	사업 변경 발생 가능성		
	이해관계자 또는 대중으로부터 기인한 변경 발생가능성		
복잡성 (Complexity)	시스템의 상호 의존성		
	프로젝트 참여자들의 상호 의존성		

시공이 나오게 해야만 한다. 이는 IPD의 적용이 적극적으로 도움을 줄 수 있는 부분이다. 또한 발주자의 예산에 비해 고가치의 빌딩이나 시설물을 기대하고 있거나 공기 압박이 큰 프로젝트일 때 혁신적 설계와 시공이 요구되는데, 이 경우에도 IPD가 그 해결 방법이 될 수 있다.

프로젝트 규모와 IPD 수행 경험의 상관관계

IPD 프로젝트는 전통적으로 흔히 쓰여온 정액 도급 계약(Lump-Sum) 보다 더욱 섬세하고 복잡한 회계적 노력이 필요하다. 이러한 노력은 소규모 프로젝트에 있어서 큰 기회비용으로 여겨지기 마련이다. 경험이 풍부한 IPD 프로젝트 팀에게는 소규모라 하더라도 프로젝트를 성공적으로 이끌 수 있는 역량이 있지만, 일부 발주자들은 일정 규모 이상의 프로젝트에만 IPD를 적용하기도 한다.

IPD에 대한 경험이 없는 프로젝트 팀이라면, 추가적으로 들어가는 교육과 조직적인 노력 비용 등을 감안할 때, 적정 규모 이상의 프로젝트부터 IPD를 시작하여 차차 경험을 쌓는 것이 좋다. 프로젝트 팀 대다수가 IPD 수행 경험이 부족하다면, 코칭과 훈련 비용을 감안하기 위하여 프로젝트 최소 규모를 상향해서 정해놓는 경우가 많다. 발주자를 포함한 프로젝트 참여자들 중 IPD 경험이 있는 사람이 없다면, IPD 적용 기준이 되는 프로젝트 최소 규모가 훨씬 더 높아질 수도 있다.

설계 단계와 혁신의 기회

프로젝트가 설계 단계에 오래 머물러 있을수록 프로젝트의 혁신과 목표 가치 중심 설계(TVD)의 기회는 줄어들게 된다. 또한 설계 단계에서 의사 결정이 내려지지 않고 논의가 심각하게 길어지고 진척이 더딜 경우, 프로젝트 참여자들이 그들 사이의 업무적인 공생 관계에 대해 심각한 회의감을 갖게 될 수도 있다. 개념 설계 단계 이후 IPD가 본격적으로 시작된다면, IPD로부터 얻을 수 있는 긍정적인 효과가 줄어들 수도 있다는 점을 명확히 인지해야 한다.

프로젝트별 상황을 고려하라

프로젝트에 IPD를 적용하기 전에 중요하게 고려해야 할 사항으로,

각 프로젝트의 개별적인 상황을 생각해봐야 한다. IPD를 수행한 경험이 없는 팀이 참여하는 프로젝트라면, 계약서 작성이나 참여자 교육 등에 시간과 비용 투자가 필요하다. 소규모, 저예산 프로젝트라면, 추가적인 노력이 예산을 초과하는 결과가 일어날 수도 있다. 반대로 IPD 수행 경험이 풍부한 팀이 참여하면, 규모와 관계 없이 프로젝트의 성공 가능성이 높아진다. 일반적으로 프로젝트가 시작될 때 혹은 적어도 설계가 완료되기 전에 IPD를 적용하는 것이 가장 바람직하지만, 일부 프로젝트에서는 여전히 후반에 IPD로 전환하는 것이 타당한 경우도 있다.

IPD에 적합한 프로젝트에 정도는 없다. 다만 처음 시작하는 것이니 만큼, 프로젝트가 맞닥뜨린 상황에 맞게 조절해가며 IPD를 적용하는 것이 가장 바람직하다. 발주자가 IPD를 프로젝트에 적용함으로써 경험이 지속적으로 쌓이고 경험으로부터 나온 지식과 노하우가 다음 프로젝트로 이어진다면, 점차 IPD에 적합한 프로젝트로 다가갈 수 있을 것이다. [그림 4.6]은 위에서 정리한 어떤 프로젝트가 IPD에 적합하고 어떤 프로젝트 참여자들이 IPD에 적합한가를 시각적으로 요약하여 보여주고 있다.

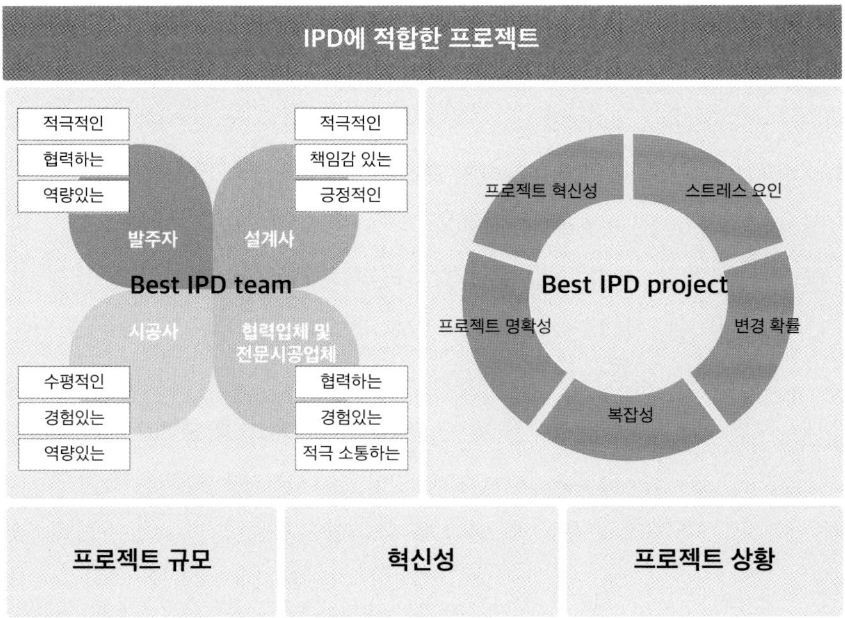

[그림 4.6] IPD에 적합한 프로젝트

IPD 재정 및 회계 투명성 원리의 실전 적용시 유의 사항

IPD 프로젝트의 주요 참여 회사로서 다자계약서에 서명을 하는 회사라면, 설계사이든 주 시공사이든 주요 시공 협력업체이든 동등한 대우를 받는다는 점을 간과하면 안된다. 따라서IPD의 기본 원칙중 하나인 재정 및 회계의 투명성 원칙에 따라 회계 장부 공개(Open-Book, 오픈북)는 다자계약서에 참여하는 업체라면 모두 따라야만 하는 원칙이다. 이는 비용과 보상의 공유 원칙을 충실히 이행하기 위한 아주 중요한 기본 장치이기도 하다. 왜냐하면 공사비 절감이나 공사비 증액이 일어날 경우, IPD는 각 참여 업체가 그 절감 비용이나 증액 비용을 서로 나눠 갖는 구조이므로, 투명한 비용 공개는 서로 간 신뢰를 위해서 필수적일 수밖에 없다. 따라서 각 참여 업체들의 실제 비용 단가들(노무, 재료, 장비), 그리고 프로젝트의 작업 분류 체계(Work Breakdown Structure, WBS) 내 각 업무 항목의 견적값들 이외에, 각 참여 업체들의 간접비(Overhead)와 이윤까지 투명하게 공개하고 주요 참여자들이 동의하는 과정을 거치게 된다. 이 과정에서 참여 회사들의 저항이 있을 수 있는데, 깊은 상호 신뢰와 투명성이 IPD의 근간이므로, 성공적인 IPD를 위해서는 서로 적극적인 이해를 구하는 것이 반드시 필요하다. 몇몇 실제 사례에서 보면 오픈북을 원칙으로 삼되, 참여 회사들이 기밀 보호 약정(confidentiality agreement)에 서명함으로써 프로젝트 참여자 이외에는 재정 정보를 누설하지 않는 조건을 추가하기도 한다.

발주자 입장에서 보면 오픈북에서 각 참여자들의 회계 내용을 어떻게 신뢰하고 검증하느냐가 큰 걱정거리일 수 있는데, 기본적으로 IPD 오픈북 계약에서는, 발주자가 주요 참여 업체들의 회계 데이터에 완전 접근(full access) 권한을 갖는다는 점을 잊지 말아야 한다. 상호 신뢰를 바탕으로, 참여 업체의 회계보고서를 주기적으로 받아보고 발주자의 회계팀에서 검토 및 검증하는 것이 일반적이지만, 발주자가 참여 업체의 모든 송장과 실거래 내역서를 증빙 서류로 제출하게 할 수 있고, 실제 그렇게 진행된 프로젝트 사례들도 있다. 또한 발주자가 자체적인 회계 검토 및 감사 능력이 충분치 않다고 판단할 경우, 건설 프로젝트 감사 전문 컨설팅 회사를 고용하여 프로젝트 진행 기간 동안 검토와 감사 업무를 수행하게 하기도 한다.

또한 설계 과정 중 최종 목적지는 목표 가치(Target Value) 설계의 완성인데, IPD 참여 업체들이 상호 협력하에 생산해내는 설계와 시공 방법들에 기반한 시공 견적값들에 대해 발주자가 어떻게 그 적정성을 신뢰할 수 있는가에 대해 근본적 의문이 제기된다면, 가장 이상적인 상황은 발주자나 발주자를 대행하는 PM/CM사가 기존의 유사 프로젝트들의 실제 비용 기록을 보유하고, 이를 통해 적정성을 판단하는 것이다. 하지만 이 방법이 여의치 않을 경우, 각 주요 설계 시점마다, 제3자 견적 전문 회사(Independent cost estimator)를 고용하여, 검토하는 방법도 사용된다.

시공 협력업체들의 가격 산정에 대해서는, 주요 시공 협력업체들이 IPD 프로젝트의 적극적 주체로 다자 계약서에 서명하였다면, 다른 참여 업체들, 즉 설계사와 주요 시공업체들과 동등하게 동일한 과정으로 시공 견적에 참여하게 되고, 비용과 보상의 공유에도 참여하게 된다. 업무 범위가 비교적 명확하며 위험도가 낮다고 판단되는 전문 시공 업무의 가격 산정에 대해서는, 설계 막바지 단계에서 적격 저가 경쟁 입찰 방식을 도입해도 무방하고, 실제로 이 방법들이 많이 활용되고 있다.

IPD 참여자들의 계약 체결시 절차와 고려 사항

IPD 프로젝트에 참여하는 설계사, 시공사, 주요 시공 협력업체 선정은 매우 중요한 일이고, 프로젝트의 성공과 실패를 가늠할 수 있는 주요 지표이다. IPD는 기존의 프로젝트 조달 방식인 설계 시공 분리 발주 방식(Design-Bid-Build)이나 설계 시공 일괄 발주 방식(Design-Build)과는 달리, 참여 회사들의 우수한 설계 및 시공 능력은 기본이고, 그밖에도 주어진 업무를 넘어서는 수평적 의사소통 능력, 창의적인 아이디어를 존중하고 긍정적으로 고려하는 문화, 자기 회사만의 이익을 넘어서 프로젝트 가치 향상에 초점을 맞추고, 상대방에 대한 높은 신뢰와 신실성 등이 복합적으로 작용해야만 성공적인 IPD 프로젝트를 달성할 수 있기 때문이다.

따라서 발주자가 PM/CM사의 도움을 받아 설계사, 시공사, 주요 시공 협력업체 등을 선정할 때, 업체들의 평판, 기술적 역량, 재무 건전성, 유사 프로젝트 경험 유무 및 결과, 업체의 문화, 업체의 협업 능력과 경험 등을 종합적으로 다차원적으로 검토한 후 선정하게 된다. 발주자가 역량 있는 몇몇 회사들을 초청하여 소규모 형태의 자격 제한형으로 공개 경쟁 시스템을 통해 업체들을 선정할 수도 있고, 유사 프로젝트를 IPD로 수행한 경험이 있는 주요 업체들과 우선 협상을 통해 팀을 꾸릴 수도 있다.

다차원적인 검토가 필수라는 점에서는, 선정 방식의 절차에 있어 설계 시공 일괄 방식하에서 주로 사용하는 최적 가치(Best Value) 기반 종합 평가 선정 방식과 비슷한 형태를 띤다고 볼 수 있겠다. 다만 결정적 차이점을 들자면, 첫째, 가격 경쟁력이나 설계 및 시공 계획의 우수성 등을 포함하지 않게 된다. 이는 IPD의 특성상, 매우 이른 단계에서 팀 구성이 이루어지게 됨으로써 프로젝트와 관련 기획 설계 정도 이상의 정보가 없기 때문이기도 하고, 팀 구성이 이루지고 나서 프로젝트 비용을 포함하는 목표 가치(Target Value)를 달성하기 위해 참여 업체들이 협업을 통해 공동으로 설계와 시공 계획을 만들어야 하기 때문이다. 두 번째로는, 참여 업체 간의 원활한 수평적 의사소통 능력과 협업 문화에 대한 경험이 풍부하거나, IPD가 추구하는 원칙과 문화를 익숙하고 편하게 느끼는 업체를 선정하는 부분이 매우 중요한 평가 항목이라는 점에서 차이가 있다.

최근 캐나다 온타리오주의 한 IPD 프로젝트에서 참여 업체 선정 시 사용된 아래의 30가지 인터뷰 및 평가 항목은 이 두 번째 차이점과 관련된 부분으로, IPD 프로젝트의 참여 업체들에 요구되고 기대되는 독특한 역량과 경험이 무엇인지 보여준다. 또한 이 항목지는 IPD를 최초로 시행하고자 하는 발주자에게 좋은 참고 자료가 될 수 있다.

[표 4.3] IPD 참여 업체 선정 시 사용된 인터뷰 및 평가 항목지

No.	프로젝트명
Q.1	지속적인 소통과 문제 해결을 위한 절차나 시스템을 사용하거나 경험해본 적이 있는가?
Q.2	협조적이고 공정한 의사결정 절차를 사용하거나 경험해본 적이 있는가?
Q.3	공동으로 프로젝트 목표를 완수하고 확정하는 절차나 시스템을 사용하거나 경험해본 적이 있는가?
Q.4	업체들이 조기에 참여하는 프로젝트를 경험해본 적이 있는가?
Q.5	프로젝트 참여 업체들이 정보를 공유하는 시스템을 사용하거나 경험해본 적이 있는가?

No.	프로젝트명
Q.6	비용 공유 위험 공유를 적용한 프로젝트를 경험해본 적이 있는가?
Q.7	협의와 협상을 통한 프로젝트 위험 할당 절차나 시스템을 사용하거나 경험해본 적이 있는가?
Q.8	관계 기반 계약을 사용하거나 경험해본 적이 있는가?
Q.9	프로젝트 주요 참여자들 간의 투명한 회계 절차나 시스템을 사용하거나 경험해본 적이 있는가?
Q.10	프로젝트 참여자들 간에 무분쟁 선언서를 사용하거나 경험해본 적이 있는가?
Q.11	전략적 파트너십을 사용하거나 경험해본 적이 있는가?
Q.12	설계 단계에서 시공성 분석을 사용하거나 경험해본 적이 있는가?
Q.13	비용 중심 설계(혹은 목표 중심 설계)를 사용하거나 경험해본 적이 있는가?
Q.14	초기 계획(Front End Planning)을 사용하거나 경험해본 적이 있는가?
Q.15	설계 단계에서 가치 공학(Value Engineering)을 사용하거나 경험해본 적이 있는가?
Q.16	팀 조정(Team Alignment) 기술들을 사용하거나 경험해본 적이 있는가?
Q.17	업무 통합의 일환으로 정보 기술들을 사용하거나 경험해본 적이 있는가?
Q.18	대안 공정법을 사용하거나 경험해본 적이 있는가?
Q.19	코 로케이션을 사용하거나 경험해본 적이 있는가?
Q.20	공동 위험 평가 기법들을 사용하거나 경험해본 적이 있는가?
Q.21	가치 흐름도(Value Stream Mapping)를 사용하거나 경험해본 적이 있는가?
Q.22	상호 면책 조항을 사용하거나 경험해본 적이 있는가?
Q.23	신속 프로세스 개선 워크숍을 사용하거나 경험해본 적이 있는가?
Q.24	모듈러 시공 기법을 사용하거나 경험해본 적이 있는가?
Q.25	지속 개선 프로세스를 사용하거나 경험해본 적이 있는가?
Q.26	표준 설계 기법들을 사용하거나 경험해본 적이 있는가?
Q.27	다자 관리팀을 사용하거나 경험해본 적이 있는가?
Q.28	IPD 가치를 충분히 이해하고 있는가?
Q.29	IPD 트레이닝 프로그램을 사용하거나 경험해본 적이 있는가?
Q.30	IPD를 사용하거나 경험해본 적이 있는가?

프로젝트 참여 업체 선정은 궁극적으로 발주자 조직 내의 법규와 조달 정책에 크게 영향을 받게 된다. 공공 기관보다는 민간 부문이 이

부분에 있어 훨씬 유연하기 때문에, IPD를 적용하기에 유리한 입장에 있다. 미국 건설 시장에서도, IPD는 민간 부문에서 시작되었고, 현재에도 민간 부문 IPD 프로젝트가 대부분이다. 이와는 반대로, 호주의 IPD라 할 수 있는 얼라이언싱(Alliancing)이 대규모 고위험군 공공 프로젝트의 30% 이상에 성공적으로 적용되는 것은, 호주 정부의 적극적인 개입과 탄탄한 법제화와 지침서 등이 그 바탕에 있다. 이같은 정부의 적극적인 노력은 IPD가 공공 부문 사업에도 성공적으로 적용될 수 있음을 보여주는 사례라 할 수 있다.

IPD 대표 수행 사례

앞서 기술한 IPD에 적합한 프로젝트와 참여자들이 만나, IPD의 원리 및 도구와 시너지를 창출하고 훌륭한 성과를 낸 프로젝트 수행 사례를 소개하고자 한다. IPD 대표 수행 사례는 미국, 캐나다 및 한국에서 수행했던, 혹은 현재 진행되고 있는 사례들 중에서 발췌하였다.

IPD에 대해 발주자가 가질 수 있는 흔한 오해 중 하나는 대형 공사에서만 그 효과를 볼 수 있다는 생각이다. 모든 참여자들이 계약적으로 묶이고, 초기에 참여하는 것이 소규모 프로젝트에서는 무의미하다고 여길 수도 있기 때문이다. 물론 프로젝트가 클수록 효과가 뚜렷하게 나타날 수 있으나, 그렇다고 소규모 프로젝트에서 IPD가 무의미한 것은 아니다. 여기에서는 이러한 오해를 없애기 위해 소규모 건축물 프로젝트부터 대형 플랜트 프로젝트까지, 업무용 건축물부터 대형 공장 공사 프로젝트까지 다양한 IPD 사례를 다루었다. IPD가 성공적으로 수행된 여러 사례 중에서도 의료 시설 5개, 공장 2개(플랜트 및 반도체 시설물 공사), 업무 시설 6개의 프로젝트를 소개하고 요약하였다. [표 4.4]에서는 각 프로젝트에 IPD를 사용한 이유와 적용 결과를 간략하게 정리하였으며, [표 4.5]에서는 각 프로젝트에서 사용된 주요 IPD 관리 도구를 시각적으로 정리하였다.

[표 4.4] IPD 대표 수행 사례

건축물 용도	프로젝트명	프로젝트 조건	IPD 적용 결과
의료 시설	Akron Children's hospital	최소 비용으로 병원 확장	목표 비용과 비교하여 약 $17M 절감
의료 시설	Hubbard Center for Children Project	복합적 기능을 가진 종합병원의 성공적인 설계 및 시공	현재 프로젝트 진행 중
의료 시설	University of California San Francisco(UCSF)	생애 주기 관점에서 최소비용 및 최대 효율성 보장	캘리포니아 기준 대비 에너지 성능 25% 효율화
의료 시설	Cathedral Hill Hospital	목표 일정 및 공사비 준수	목표 비용과 비교하여 약 $22M 절감
공장	BPEX project	대형 플랜트 공사의 성공적인 설계 및 시공	현재 프로젝트 진행 중
공장	X project	짧은 프로젝트 일정 준수	목표 비용과 비교하여 약 $2M 절감
업무 시설	T. Rowe Price Owings Mills Campus Building 1	기계 설비 설치 등 복잡한 설계 및 시공의 리스크 감소	추가 비용 및 추가 시간 미발생
업무 시설	Rocky Mountain Institute Innovation Center	생애 주기 관점에서 최소 비용 및 최대 효율성 보장	약 $50,000 비용 절감
업무 시설	Autodesk Inc. AEC Solutions Division Headquarters Project	목표 일정 및 공사비 준수, 지속 가능성 및 설계 품질 확보	약 $116,000 비용 절감 및 LEED Platinum 획득
업무 시설	Edith Green Wendell Wyatt Federal Building	짧은 프로젝트 일정 준수	프로젝트 일정 및 공사비 준수
업무 시설	하나금융그룹 통합데이터센터	해외 투자 사업 리스크 최소화	계약 공사 금액 대비 80억원 절감 및 4개월 공사 기간 단축
의료 시설	오스템임플란트 중앙연구소	목표 일정 및 공사비 준수	발주자의 요구 사항으로 초기 예상 공사비 대비 516억원 절감
업무 시설	마곡 신사옥 및 R&D센터	목표 일정 및 공사비 준수	현재 프로젝트 진행중 (프리콘 단계에서의 일정 및 목표 공사비 준수)

[표 4.5] IPD 대표 수행 사례의 일반 사항 및 IPD 프로젝트 관리 도구 활용 현황

프로젝트 일반 사항			활용된 IPD 프로젝트 관리 도구					
프로젝트명	규모 (ft2)	예산 ($ millions)	co-location	TVD	설계 단계시 시공성 계획	협업의 도구로 기술 사용	대안 공정 계획법	지속적인 개선 활동
Akron Children's hospital	365,000 (약 33,909m²)	185.0 (약 2,189억원)	●	●	●	●	●	●
Hubbard Center for Children Project	500,000 (약 46,452m²)	450.0 (약 5,324억원)	●	●	●	●	●	●
University of California San Francisco	878,000 (약 81,569m²)	1300.0 (약 1조 5,379억원)	●	●	●	●	●	●
Cathedral Hill Hospital	858,000 (약 79,711m²)	1028.5 (약 1조 2,167억원)	●	●	●	●	●	●
BPEX Project	-	700.0 (약 8,281억원)	●	×	●	●	×	×
X Project	18,000 (약 1,672m²)	18.0 (약 212억원)	●	●	●	●	○	●
T. Rowe Price Owings Mills Campus Building 1	111,000 (약 10,312m²)	20.0 (약 237억원)	○	●	●	○	●	●
Rocky Mountain Institute Innovation Center	15,610 (약 1,450m²)	9.0 (약 106억원)	×	●	●	○	●	●
Autodesk Inc. AEC Solutions Division Headquarters Project	55,000 (약 5,110m²)	13.4 (약 159억원)	●	×	●	●	×	×
Edith Green Wendell Wyatt Federal Building	525,421 (약 48,813m²)	123.2 (약 1,457억원)	●	●	●	●	●	●
하나금융그룹 통합데이터센터	65,757m²	1,800억원	●	●	●	●	○	●
오스템임플란트 중앙연구소	70,983.40m²	1,000억원	●	×	●	●	×	●
마곡 신사옥 및 R&D센터	39,076m² + 21,870m²	1,300억원	●	●	●	●	○	●

● 적극 활용, ○ 활용, × 활용하지 않음

Akron Children's Hospital, Kay jewelers Pavilion

프로젝트명	Akron Children's Hospital, Kay jewelers Pavilion			활용된 IPD용 프로젝트 관리 도구들
규모	365,000ft² (약 34,000m²)	예산	$185.0M	

활용된 IPD용 프로젝트 관리 도구들	
Co-location (Big Room)	●
TVD	●
설계 단계시 시공성 계획	●
협업의 도구로 기술 사용	●
대안 공정 계획법	●
지속적인 개선 활동	●

● 적극 활용, ○ 활용, × 활용하지 않음

〈US 뉴스 월드 리포트(U.S. News & World Report)〉에 따르면, 미국 오하이오주 애크런시에 위치한 어린이 병원은 미국 내에서 최고의 어린이 병원으로 평가받은 바 있다. 이 프로젝트는 기존의 병원 시설물을 증축하는 프로젝트였다. 프로젝트 계획(2011년 말)부터 완공(2015년 5월)까지 약 4년 가까운 기간이 소요되었으며, 그중 설계에 약 24개월, 시공에 약 22개월이 소요되었다. 건축물의 규모는 365,000ft²(약 34,000m²) 이고 전체 예산은 약 $185M의 대형 프로젝트였다.

발주자는 전통적인 프로젝트 발주 방식에 익숙하였고, DBB, DB, 시공 책임형 CM(CM at Risk) 등에 경험이 있었다. 하지만 2008년부터 린 설계-시공을 서서히 경험하게 되고, 프로젝트 가치를 최고로 하기 위해서는 IPD라는 계약적 프레임이 필요함을 깨닫게 되었다. 이에 따라 발주자는 기획 단계부터 IPD 방식을 적용하여 프로젝트를 진행시키기로 결정하였다. 비슷한 규모의 프로젝트에 비해 넉넉지 못한 예산이 IPD

와 린을 이용한 프로젝트 발주 방식을 선택하는 데에 큰 동기 부여 요인이 되었다. 해당 병원 근처에 세 곳의 다른 어린이 병원들이 있어 경쟁이 심한 상태였고, 어린이 인구가 증가하지 않고 현재 수준을 유지할 것으로 예측되었기 때문에, 최소 비용으로 병원 확장 공사를 해야 하는 조건이었다.

발주자가 IPD와 린에 대한 풍부한 지식과 경험을 갖추고 있어서 IPD 및 린 프로세스와 방법을 사용하는 데에 적극적이었고, 설계사와 시공사로 경험이 풍부한 팀들을 선택했다. 발주자는 투명한 의사 결정을 위해 장점에 기반한 선택(CBA)[i]을 사용하여 프로젝트 참여자들을 선정하였다. 이외에도 발주자는 주요 프로젝트 참여자들을 선정하면서 RFQ(Request for Qualification), RFP(Request for Proposal), 인터뷰 등을 활용하였는데, IPD와 린의 경험, 다자 계약 경험, LEED[ii] 이해도와 경험, BIM 경험, 지역 프로젝트 경험 등이 주요 심사 항목이었다.

발주자는 프로젝트 참여자들인 설계사, 시공사, MEP 엔지니어, MEP 시공사들을 리스크/보상 공동 기금(Risk/Reward Pool)[iii]에 참여하게 하였다. 설계 협력업체들과 시공 협력업체들에게도 모두 참여하게 하는 것이 IPD 가치를 극대화시킬 수 있는 방법이나, 본 프로젝트에서는 리스크/보상 공동 기금에 참여하지 않을 수 있는 권리를 부여하였다. 최종적으로는 주요 프로젝트 참여자들과 함께 6개의 설계 협력업체들과 13개의 시공 협력업체가 참여하였다.

A3 보고서, 장점 기반 선택, 목표 가치 기반 설계(TVD), 라스트 플래너 시스템(The Last Planner System), 위치 기반 계획(Location-based Planning), 가치 흐름도 작성(Value Stream Mapping), 빅룸 등 대부분의 린 도구들이 이 프로젝트에 적극적으로 사용되었다. 프로젝트 계획 단계에서 IPD 계약 워크숍을 실시하여 IPD 계약에 대한 주요 참여자들의 이해를 높였고,

---

i 각 선택 사항의 장점을 검토하여 최상의 결정을 내리기 위한 효과적인 의사 결정 시스템. 단계 설정(Stage setting) - 혁신(Innovation) - 의사 결정(Decision-making) - 재고(Reconsideration) - 실행(Implementation)의 5단계로 구성되어 있다.

ii LEED는 미국 녹색빌딩협회(US Green Building Council)에서 제공하는 친환경 인증(Leadership in Energy and Environmental Design)이다.

iii 프로젝트 목표를 충족할 경우 리스크/보상을 공동 기금으로 마련하고, 팀 구성원 간에 분배될 최종 비용의 금액 또는 비율에 대해 종합적으로 합의하는 것이다.

설계 단계에서는 격주로 IPD 및 린 교육을 실시해서 프로젝트 참여자들의 IPD/린에 대한 이해도를 지속적으로 높여 협업적인 팀 빌딩(Team Building)에 사용하였다. 발주자는 린 교육에만 한화 약 4억원을 쓴 것으로 알려졌다. 설계 단계에서는 격주로 설계 회사들끼리 코 로케이션(Co-location)을 진행하여 협업 기회를 높였으며, 시공 단계에서는 주요 시공사와 주요 시공 협력업체들을 모두 코 로케이션에 참여하게 함으로써 협업과 자유로운 정보 교환이 가능하게 하였다.

목표 비용은 설계 중반에(프로젝트 시작 후 약 15개월 시점) 주요 프로젝트 참여자들과 함께 설정하였으며, 이후 주요 프로젝트 참여자들과 함께 IFOA 계약(프로젝트 시작 후 약 20개월 시점)이 이루어졌다. 계약서는 ConsensusDocs 300과 AIA C195를 기본으로 삼아, 문구를 수정하여 프로젝트에 맞는 맞춤형 계약서를 작성하였다. 첫 세션은 3일 동안 미팅을 하면서 전체 틀을 만들었으며, 일주일이 걸린 두 번째 세션은 계약서 세부사항까지 전부 교정하는 작업이었다. 각 주요 프로젝트 참여자의 변호사들도 적극적으로 참여하였다.

최종 프로젝트 비용은 약 1억 7천 5백만 달러이었는데, 이는 목표 비용보다 약 9백만 달러 정도 적은 금액이다. 이보다 더 중요한 것은 프로젝트 진행 중 약 8백만 달러에 달하는 추가 업무 범위를 수행하면서도 비용 절감을 이루어내어 약 8백만 달러의 실제 이윤을 보였다는 점이다.

Hubbard Center for Children Project, Omaha, Nebraska

프로젝트명	Hubbard Center for Children Project			활용된 IPD용 프로젝트 관리 도구들
규모	500,000ft^2 (약 46,452m^2)	예산	\$450.0M	

활용된 IPD용 프로젝트 관리 도구들	
Co-location (Big Room)	●
TVD	●
설계 단계시 시공성 계획	●
협업의 도구로 기술 사용	●
대안 공정 계획법	●
지속적인 개선 활동	●

● 적극 활용, ○ 활용, × 활용하지 않음

미국 네브라스카 오마하에서 진행되고 있는 어린이 병원 설계 시공 프로젝트를 순수 IPD의 사례로 소개하고자 한다. 이 프로젝트는 10층, 총 면적 500,000ft^2(약 46,452m^2)의 병원 시설물로, 신생아 중환자실, 어린이 중환자실, 수술실, 태아 관리 센터, 응급실, 단기 치료 시설 등을 포함하는 복합 기능의 어린이 종합병원을 설계 시공하는 것을 목표로 한다. 건축 설계는 HDR이, 시공은 키위트(Kiewit)가 맡았으며, 총 4억 5천만 달러의 대형 프로젝트이다.

이 프로젝트는 순수 IPD의 정수를 보여주는 예로 손색이 없을 정도로, 지금껏 알려진 모든 IPD의 원리, 방법 및 도구들이 모두 사용되고 있는 실험실이라 해도 과언이 아니다. 또한 프로젝트 팀과의 인터뷰를 통한 평가에서는 발주자나 타 프로젝트 관계자들과의 관계, 다양한 성과 지표들(안전, 공기, 비용, 품질 등)에서 매우 만족스러운 결과를 얻고 있음을 확인할 수 있었다.

시공사를 선정하고 프로젝트에 참여시키기 전에, 발주자와 설계 컨설팅 회사는 약 2년간 조기 공정 계획(Early Master Planning)이라는 프로세스를 통해 프로젝트 사이트를 방문하고 시설물 조건 등을 정의하는 기간을 가졌다. 이 기간 동안 개념 설계와 이에 상응하는 개략 견적이 이루어지고, 예상 견적가가 발주자의 최종 의사결정위원회에서 승인이 난 후에 다음 단계인 기본 설계로 이어졌다. 또한 이 단계에서 IPD 프로젝트 발주 방식을 사용하여 나머지 설계와 시공을 추진하기로 결정하였다.

발주자가 IPD라는 새로운 방식을 과감히 선택할 수 있었던 배경에는 오랜 기간 동안 발전되어온 발주자와 설계사, 그리고 발주자와 시공사 간의 전략적 파트너십을 무시할 수 없다. 또한 주 시공사인 키위트와 5개의 주요 협력업체 간 깊은 신뢰도가 IPD라는 생소한 프로젝트 발주 방식에 모두 참여하기로 결정하는 커다란 요인이 되었다.

IPD로 결정한 후에 두 명의 IPD 트레이너가 고용되어 프로젝트 팀 참여자들에게 IPD 원리와 팀 정신 등에 대해 집중적으로 교육을 진행했고, 자체 스터디그룹을 형성해서 IPD와 관련된 출판물을 공동으로 공부하고 토의하는 기회를 프로젝트 초창기에 충분히 제공하여 프로젝트 구성원들의 IPD에 대한 이해도를 상당히 높일 수 있었다. 빅룸에서 최소 한 달에 한 번 팀 빌딩 미팅이나 행사를 꾸준히 개최하였으며, 이는 시공이 끝날 때까지 계속 지속될 것이라고 공표하였다.

이 프로젝트는 ConsensusDocs 300을 기본으로 한 3자 계약서에 기초하여 HDR이 주 설계사로 참여하고 있고, 키위트가 주 시공사로 참여하고 있으며, 5개의 주요 협력업체들은 참여 계약서를 통해 프로젝트에 참여하고 있다. 프로젝트 현장에서 각각의 프로젝트 참여자들이 자신을 직접 소속되어 있는 회사 직원으로 소개하거나 인지하지 않고, Hubbard Center for Children 프로젝트의 일원으로 소개하고 강한 소속감을 보이며 만족스럽게 근무하고 있었다는 점은 매우 흥미롭다.

기본 설계 단계부터 임시 사무실을 만들어 빅룸에서 발주자, 건축가/설계사, 시공사, 5개 주요 협력업체 모두가 공동으로 일을 시작하였다. 프로젝트 팀원들 모두 빅룸에 강한 만족도를 보였다. 합동 사무실에서는 시설물의 기능별로 부서(Cluster)를 나누었는데, 현장 토공, 외관, 내부, 발주자 장비, 구조, 기계 설비, 전기 설비, 일정과 공사비가 그 예이다. 따라서 각 부서에는 각각 다른 회사에서 온 건축가, 엔지니어, 협력업체 직원들이 한곳에서 같이 근무하고 있다. 이는 소통과 협력을 최대화하는 효과를 가져오고 있다.

본 프로젝트에서는 기존의 공정 관리 방법들을 지양하고, LCI에서 습득한 라스트 플래닝 시스템과 풀 플래닝 기법으로 프로젝트 공기를 다 같이 정하고 관리해나가고 있다. 이는 빅룸에서 포스트잇을 사용하여 매일 검토되고 업데이트된다.

각 부서들은 빅룸에서 설계와 시공에 관련된 회의를 하여, 지속적으로 시공성을 계획하고 최적화하는 과정을 거친다. 이 프로세스는 기본 설계부터 시작되었으며 시공 단계까지 계속 이어질 것이다. 프로젝트 관계자들은 이 프로젝트의 협동 및 협업이 바로 각 기능별 부서에서부터 시작된다고 입을 모으고 있다.

이 프로젝트의 핵심 그룹은 프로젝트 만족도와 연동시켜 인센티브를 계산하도록 하였는데, 공기 50%, 공사비 40%, 그리고 품질 10%를 기준으로 정하였다. 이렇게 산정된 인센티브의 50%는 발주자, 설계사, 시공사가 나누어 가져가고, 나머지 50%는 5개사의 주요 협력업체가 나누어 가지는 조건으로 계약서에 명시되어 있다.

이 프로젝트에서 분쟁 방지 문서(No Dispute Charter)는 사용되지 않았지만, 대신 면책이 이루어지는 범위를 서로 정하고, 이 면책 범위를 벗어나는 분쟁이 일어날 경우 모든 관계자에게 통보가 되는 프로세스를 확립하여 사용하고 있다.

본 프로젝트에서는 BIM360을 사용하여 설계 효율성과 시공성 분석 효과를 높였으며, 각종 파이프들과 기계, 전기 설비 부분들의 간섭도 설계 단계에서 사전에 해결하도록 하고 있다. 또한 BIM LOD(Level of Detail) 300~400(실시 단계 수준) 수준으로 상세 설계 수준을 높여 BIM 파일 자체로 제작 계획이나 시공 계획이 최대한 완성되도록 하고 있다. BIM 모델에 설계와 관련된 모든 정보를 저장하여 시공 단계에서 현장 시공 관계자들이 3차원 모델을 효과적으로 사용할 수 있도록 하였으며, 이 정보를 기반으로 설계사, 시공사 및 5개 주요 협력업체들이 적극적이고 통합된 형태로 참여할 수 있도록 하고 있다.

여전히 진행 중인 프로젝트로 공기, 비용, 품질 등 최종 평가 결과가 나오기에는 아직 이르지만, 프로젝트 관계자들과의 심층 인터뷰 결과를 통해 유추해 볼 때 큰 성공을 확신할 수 있는 프로젝트이다.

University of California San Francisco(UCSF), Mission Hall

프로젝트명	University of California San Francisco, Mission Hall			활용된 IPD용 프로젝트 관리 도구들
규모	878,000ft^2 (약 81,569m^2)	예산	$1300.0M	

활용된 IPD용 프로젝트 관리 도구들	
Co-location (Big Room)	●
TVD	●
설계 단계시 시공성 계획	●
협업의 도구로 기술 사용	●
대안 공정 계획법	●
지속적인 개선 활동	●

● 적극 활용, ○ 활용, × 활용하지 않음

캘리포니아 주립대 샌프란시스코 캠퍼스의 미션홀(Mission Hall)은 각종 임상 연구 및 실습을 위한 건물로 2012년 8월에 계약이 이루어지고 2014년 9월에 완공된 건물이다. 경험과 경력, 능력 등을 기반으로 디자인 빌더(Design-Builder)가 선정되었으며, 13억 달러의 고정비(Fixed Cost)를 가진 프로젝트였다.

발주자인 캘리포니아 주립대 샌프란시스코 캠퍼스는 적극적으로 IPD 형태의 프로젝트 발주 방식을 이 프로젝트에 사용하였다. 대학교 시설물은 강의실, 실험실, 대학병원 건물 등 상당히 복잡하고 고부가 가치를 갖는 건물이 대부분이다. 이 건물들의 특징은 상당히 많은 양의 에너지를 생애 주기 동안 사용하고, 환자 관리, 수술, 실습, 강의 등 매우 핵심적인 기능을 제공한다는 데 있다. 발주자는 기존의 발주 방식과 표준 시방서 등을 사용한 방법들로는 이 건물이 궁극적으로 의도하는 목표를 효과적으로 달성하거나 발주자에게 최대 가치와 생애 주기 관점에서 최소 비용 및 최대 효율성을 보장하지 못한다는 것을 깨닫고, IPD 형태의 프로젝트 발주 방식을 채택했다. 특히 각 건물의 성과 목표를 명확하게 설정하고, 이에 맞는 설계, 시공, 유지 관리가 이루어지기 위해 설계사, 시공사, 유지 관리자들이 프로젝트 초창기부터 참여하여 공동으로 프로젝트 설계를 하지 않으면 안 된다는 점을 인지하였다. 예를 들어, 에너지 절감이 가장 큰 목표라면 설계 단계부터 이를 최적화하는 지속적인 노력이 필요하고, 건물의 유지 관리 용이성이나 내구성이 더 중요한 목표라면 이 목표가 이뤄질 수 있도록 설계 및 시공하려는 노력이 필요한데, 이를 위해서는 IPD 형태의 프로젝트 발주 방식이 가장 효과적이다.

이 프로젝트에서는 기존의 시방서가 아닌 성과 기반 시방서를 만들고, 설계사와 시공사가 이에 대해 충분히 이해한 상태에서 프로젝트를 진행하도록 하였다. 예를 들어, 빌딩 에너지 성능은 캘리포니아 주립대 샌프란시스코 캠퍼스의 현 기준보다 20% 더 우수한 결과를 목표로 하였고, 지진 지역임을 감안하여 지진 후에도 곧바로 운영될 수 있는 시설물을 구현하는 것을 목표로 정했다. 이러한 성과 기반 시방서에 기초하여 설계 및 시공을 할 경우 최고의 장점은 창조적인 아이디어가 발생한다는 점이다. 특급 실험실 건축물에나 설치가 가능한 헌트에어(Huntair)의 공조기를 $300/ft^{2}의 비용으로 지어지는 미션홀 건물에 설치할 수 있었는데, 설계 시 각 층 바닥을 약간 들어올려 공기를 순환시키는 방법을 채택함으로써 복잡한 덕트용 철판을 없앨 수 있었던 덕분이었다. 결과는 대만족이었다. 결과적으로 에너지 성능은 캘리포니아 주립대 샌프란시스코 캠퍼스의 현 기준보다 25% 더 효율적으로 운영되었고, 비용 대비 품질이 높고 가치 있는 시설물로 지어져 발주자가 내구성 및 관리 차원에서도 아주 만족스러워하는 프로젝트가 되었다.

Cathedral Hill Hospital, San Francisco, California

프로젝트명	Cathedral Hill Hospital		
규모	858,000ft^2 (약 79,711m^2)	예산	$1028.5M

활용된 IPD용 프로젝트 관리 도구들	
Co-location (Big Room)	●
TVD	●
설계 단계시 시공성 계획	●
협업의 도구로 기술 사용	●
대안 공정 계획법	●
지속적인 개선 활동	●

● 적극 활용, ○ 활용, × 활용하지 않음

Cathedral Hill Hospital 프로젝트는 IPD용 계약서를 작성하기 위해 기여한 서터 헬스(Sutter Health)가 발주한 프로젝트로, 병원의 신축 공사에 IPD를 적용하였다. 2007년 8월에 시작되어 2015년 3월에 종료된 장기 프로젝트로, 2002년부터 부지를 이용할 수 있었고, 몇 년간의 계획 이후 프로젝트 예산과 인허가 문제로 2005년까지 공사가 미루어졌다. 지연된 기간만큼 예산과 공사 기간의 압박이 더해졌기 때문에 발주자는 IPD와 린 기법을 프로젝트에 적용하기로 결정하고 계약서를 상세하게 수정했다. 설계에 추가 시간이 2년 더 주어졌기 때문에 설계 변경과 분쟁 없는 설계를 완성할 수 있었고, 프로젝트 참여자가 기관 승인 이전에 도면을 보다 완벽하게 숙지할 수 있게 되어 결과적으로 현장에서의 변경 및 후속 기관의 검토 시간을 크게 줄일 수 있는 기회로 작용하였다.

발주자가 IPD를 선택한 주된 이유는 프로젝트의 리스크를 줄일 수 있다는 IPD의 특성 때문이었다. 병원 시설물 건설의 기술적인 복잡성은 이 프로젝트에 IPD를 선택한 주된 이유가 아니었다. 발주자에게 기존 발주 방식으로 병원 시설물 프로젝트를 성공적으로 수행한 경험이 다수 있었기 때문이다. 설계사였던 스미스그룹(SmithGroup) 입장에서 보면 IPD 개념이 낯설었으나, 새로운 것에 도전해 보고자 긍정적으로 다자 계약을 체결하였다. 그 결과 복잡한 건축물이었는데도 불구하고 설계 품질을 확보하였고, IPD의 통합 원리를 이용해 기술적인 측면에서 이득이 컸다고 말한다. 이 프로젝트의 또 다른 주요 특징은, 참여자들이 이전에 함께 일한 경험이 있었다는 점이다. 과거의 이런 경험은 보다 통합적이고 협력적인 관계를 유지할 수 있는 요인으로 작용하였다.

'위험 및 보상 공유' 원칙은 프로젝트의 시작부터 적절히 잘 운용되었다. 설계사와 시공사는 시공전 단계 및 시공 단계 절감액의 25%를 리스크 공동 기금(Risk Pool)에 추가했다. 그러나 계약이 미루어지는 과정에서 25%의 시공전 단계 절감액을 제외하는 대신 시공 단계 절감액의 100%를 포함하는 것으로 리스크 공동 기금을 전환했다. 이러한 전환은 시공사 입장에서 보면 프로젝트의 리스크나 시공사의 재무 상황을 크게 변경시킬 사항이 아니었지만, 설계사 입장에서는 TVD에 부정적인 영향을 미칠 수 있다는 우려가 제기되었다. 원래의 리스크 공동 기금을 기준으로 보면 시공전 단계에서 적극적으로 비용을 절감할 의지가 있는데 반해, 변경 이후에는 시공 단계 이전까지 비용 절감 아이디어를 의도적으로 숨길 수 있기 때문이다.

리스크 공동 기금에 참여한 업체와 발주자를 대상으로 상호 면책 조약이 체결되었는데, 고의적인 위법 행위, 고의적인 포기로 인해 발생되는 부채가 있을 경우를 예외로 두었다. 특이하게 건축가와 건축가의 컨설턴트를 정부 기관의 무리한 요구로부터 보호하기 위하여 "건축가나 건축가의 컨설턴트는 기술적 측면에 대한 책임을 지지 않는다."라는 조항을 추가하기도 하였다. 분쟁이 발생할 경우에는 1차적으로 발주자, 설계사, 시공사가 회의를 통해 문제 해결을 시도하고, 그럼에도 풀리지 않으면 코어 그룹(각 주요 이해관계자와 고위 구성원)이 협상한다. 그래도 합의점을 찾지 못한다면 조직의 고위 임원들이 만나 정보를 교환하고 토론하여 타협에 도달하는 방식의 분쟁 해결 프레임워크를 만들었다.

발주자가 IPD에 대해 충분한 지식이 있었던 만큼 라스트 플래너 시스템(The Last Planner System), TVD(목표 가치 기반 설계), A3 보고서, 장점 기반 선택(CBA), 빅룸, BIM 등 다양한 IPD용 프로젝트 관리 도구들이 적극 활용되었다.

IPD팀은 회사 단위가 아닌 공종별로 융합된 클러스터 그룹을 구성했는데, 각각의 그룹은 각자 공종에 대해서 내부적으로 또는 다른 클러스터 그룹과 공종을 조정하는 데 책임을 갖고 있었다. 각 그룹은 격주로 정기 미팅을 갖고 TVD를 적극 활용하는 데에 노력을 기울였다. 프로젝트 팀은 3년간 빅룸을 운영했는데, 이를 통해 의사 결정이 빨라지고 정보 교환에 있어 투명도가 보장될 수 있었다고 평가하였다. 결과적으로 프로젝트 초기에 정한 목표 비용보다 약 2천 2백만 달러가 절감되고, 발주자는 400%의 투자수익률을 얻을 것으로 예측되었다.

BPEX Project, Beaumont, Texas

프로젝트명	BPEX project		
규모	-	예산	$700M

활용된 IPD용 프로젝트 관리 도구들	
Co-location (Big Room)	●
TVD	×
설계 단계시 시공성 계획	●
협업의 도구로 기술 사용	●
대안 공정 계획법	×
지속적인 개선 활동	×

● 적극 활용, ○ 활용, × 활용하지 않음

BPEX 프로젝트는 IPD의 원리들을 적극 활용한 IPD-ish 플랜트 프로젝트이다. 연간 650킬로톤(kilo tons)의 고성능 폴리에틸렌을 생산하는 플랜트를 설계 및 시공하는 프로젝트로, 엑슨모빌(Exxon Mobile)이 발주하였다. 미국은 현재 세계에서 가장 저렴한 가격의 셰일 가스 생산 국가로, 해당 프로젝트는 이런 경제적 강점을 이용하여 텍사스의 보몬트에 건설되고 있다. 설계는 엑슨모빌과 아주 유사한 프로젝트에 참여한 적이 있는 일본의 미쓰비시(Mitshubishi)가 수의 계약 형태로 맡았다. 재크리 컨스트럭션(Zachry Construction)이 주 시공사로 참여하였으며, 프로젝트 시공비는 7억 달러로 계약되었다. 발주자는 지난 10년간 재크리 컨스트럭션과 같이 일한 경험이 없었다. 계약 형태는 EPC(Engineering-Procurement-Construction) 프로젝트 발주 방식을 따랐지만, 실무자 인터뷰를 통해 확인된 바로는 참여자 모두 자신들이 참여한 EPC 형태의 프로젝트 중 가장 협력적이고 통합적인 형태로 프로젝트가 진행되었다고 말하였다. IPD

용 프로젝트 관리 도구들 또한 적극적으로 활용되었기에, IPD의 성격을 띠고 있는 EPC 프로젝트라고 이해할 수 있겠다.

발주자의 프로젝트 관리 및 책임자는 이전의 프로젝트들과 차별화되도록 다음과 같은 철저한 기준을 세웠다.

- 시공 중심 설계 및 엔지니어링
- 시공사의 조기 참여
- 시공성 피드백 프로세스
- 빠른 시공 이행(토공 및 기초 공사 부분 등)
- AWP(Advanced Work Packaging) 사용

AWP 기법은 프로젝트 기획부터 시공 완료까지 적용되는 프로젝트 관리 프로세스로, 궁극적으로 시공 단계의 생산성과 효율성을 높이기 위해 시공 단계의 작업 패키지(Construction Work Packages)를 항상 염두에 두면서, 계획–기본 설계–실시 설계–시공 각 단계의 다양한 업무를 진행하는 절차와 그 도구들을 말한다. 이는 CII와 캐나다의 앨버타 지역 건설 발주자협회(COAA, Construction Owners Association of Alberta)의 지원을 받아 2013년에 플랜트 건설업계 중심으로 널리 소개된 기법으로, 사례 연구 결과를 바탕으로 현장 생산성 25% 향상, 시공비 10% 절감, 그리고 발주자와 시공사의 수익성 향상으로 이어지는 결과를 보이는 혁신 프로젝트 관리 방법이다.[39]

발주자는 기획 설계와 기본 설계 단계에서부터 FEP(Front End Planning) 개념을 적극적으로 사용하였다. 기본 설계 완성까지 약 2년이 소요되었는데, 이전 유사한 프로젝트에 설계 경험이 있는 미쓰비시와 수의 계약을 맺어 이들을 기획 설계 단계부터 참여시키고, 시공사인 재크리 컨스트럭션 역시 수의 계약으로 기본 설계 단계부터 참여시켰다. 일본에 위치한 미쓰비시와 협력 수준을 최대로 높이고 시공성이 충분히 반영된 기본 설계를 하기 위해 재크리 컨스트럭션 팀과 발주자 팀을 일본에 직접 파견하여 빅룸을 운영하도록 하였다. 기본 설계가 완성된 후, 나머지 실시 설계와 시공 부분에 대한 경쟁 입찰 단계에서 타 시공사들

을 경쟁 입찰에 참여하도록 하여 재크리 컨스트럭션이 입찰 가격을 비상식적으로 높이는 것을 견제하도록 유도하였고, 발주자는 자체 견적팀을 고용하였다. 미쓰비시와 재크리 컨스트럭션의 견적이 발주자의 자체 견적에 비해 상당히 높았기에, 협상을 통해 절충안을 마련하였다. 특히 두 회사의 견적에서 나타난 수량과 생산성의 위험도에 대한 예측 및 가정들이 조정 항목들에서 집중적으로 고려되었다. 또한 동일 위험 항목에 대한 두 회사의 독립적 견적에서 파생된 이중 예비비(Double Contingency)도 주요한 조정 항목이었다. 이같은 협상 과정을 거치면서 발주자는 미쓰비시와 실시 설계 완성 부분에 있어서 정액 도급 계약(Lump Sum)을 맺었지만, 재크리 컨스트럭션과는 위험도와 생산성에 대해 의견일치를 보지 못해 실비 정산-정액 이윤(Reimbursable Cost-Fixed Fee) 형태의 계약을 맺게 되었다. 본 계약은 발주자가 위험을 떠안은 경우이며, 이에 따라 보다 적극적인 공사 감독과 관리가 요구되었다. 대신 발주자인 엑슨모빌과 시공사인 재크리 컨스트럭션은 서로 간에 더욱 열린 소통을 하기로 결정하였으며, 현장의 시공 현황(자재, 노무 투입 현황 등)을 매우 투명하게 공개하기로 하였다. 발주자의 프로젝트 관리팀도 세세하고 투명한 자료 공개로 심도 있는 생산성 분석을 할 수 있게 되어, 서로 신뢰를 높이는 데 크게 기여하였다. 발주자의 프로젝트 관리팀은 이 정도의 자료 공유는 이전 프로젝트에서는 경험해 보지 못한 수준이라고 주장하고 있다.

본 프로젝트에는 다양한 협력 및 협업 전략들이 사용되고 있다. 프로젝트 초창기부터 주요 시공사와 주요 협력업체들이 지속적으로 참여해왔으며, 경영진들 또한 적극적으로 정기 회의에 참여함으로써 프로젝트의 명확한 기대치를 설정하고 이를 다 같이 이해하도록 하였다. 기본 설계 시작부터 사용된 코 로케이션(Co-location)은 매우 효과적으로 사용된 전략으로 평가된다. 또한 AWP를 통해 매일 프로젝트 상황실(War Room)에서 선제적으로 주요 프로젝트 아이템을 공동으로 공유하고 토의하는 시스템을 활용하고 있다. 프로젝트 참여자 모두에게 클라우드 기반 3D 모델링을 공유하고 통합된 일정 관리 시스템(Shared and Integrated Scheduling)을 사용하게 한 것 또한 효과적인 협업 도구로 인정받고 있다.

X Project, Oregon

프로젝트명	X Project		
규모	18,000 ft^2 (약 1,672m^2)	예산	$18M

활용된 IPD용 프로젝트 관리 도구들	
Co-location (Big Room)	●
TVD	●
설계 단계시 시공성 계획	●
협업의 도구로 기술 사용	●
대안 공정 계획법	○
지속적인 개선 활동	●

● 적극 활용, ○ 활용, × 활용하지 않음

X 프로젝트는 세계 일류 반도체회사의 연구 실험동 공사에 IPD를 성공적으로 적용한 예이다. 발주자는 IPD 경험이 축적된 설계 회사와 관계를 맺고 있어 IPD의 장점을 이미 숙지하고 있는 상태였고, 보다 효율적인 발주 방식을 찾고자 IPD를 실험적으로 적용하여 그 결과를 알아보고 싶어했다. 연구 실험동 프로젝트는 다른 발주자의 프로젝트와 달리 독립적이고 규모가 작은 프로젝트였으나, 프로젝트 일정이 여유롭지 않았기 때문에 IPD 적용이 적합한 것으로 판단되었다. 프로젝트 초기에 발주자와 설계사에서 예측한 견적은 1천 8백만 달러였다. 시공사의 견적은 이보다 30% 이상 적은 금액인 1천 2백만 달러였으며, 발주자, 설계사, 시공사 간의 협업을 통해 산정한 목표 비용은 이보다 2백만 달러 적은 1천만 달러였다. 최종 프로젝트 비용은 8백만 달러로 목표 가치 대비 2백만 달러를 절감하였다. 절감한 2백만 달러는 절감비용 공유 기금(Shared Savings Pool)에 참여한 모든 회사들이 미리 정해진 적정 비율에 맞게 나누어 가지게 되었다. 발주자가 50%를 가져가고 나머지

50%를 참여사들이 나누는 형식이었다.

발주자는 CH2M사의 TVD 프로세스인 CSDP(Collaborative Scoping and Design Process)를 프로젝트의 초기부터 적용하였다. 시공자 선정에 있어서는 협업 능력과 더불어 발주자와의 소통 능력이 가장 중요한 요소로 평가되었으며, 이는 해당 프로젝트에서 비용이나 시간보다 더욱 중요한 요소라고 인식되었다. CSDP의 프로세스를 핵심적으로 요약하면 아래 [그림 4.7]과 같다. 이 프로세스는 CH2M이 수년간의 린 설계/시공 및 IPD 경험을 거치며 축적한 프로세스를 시스템으로 구축한 것으로, 실제 프로젝트에서 그 성능을 증명하였다.

발주자 측 프로젝트 관리자는 인터뷰에서 IPD 프로젝트에 매우 만족해하고 있으며, 앞으로 대부분의 공사(80% 이상)에 IPD를 적용할 계획이라고 밝혔다. 프로젝트 초창기에 발주자가 깊게 관여하고 의사 결정

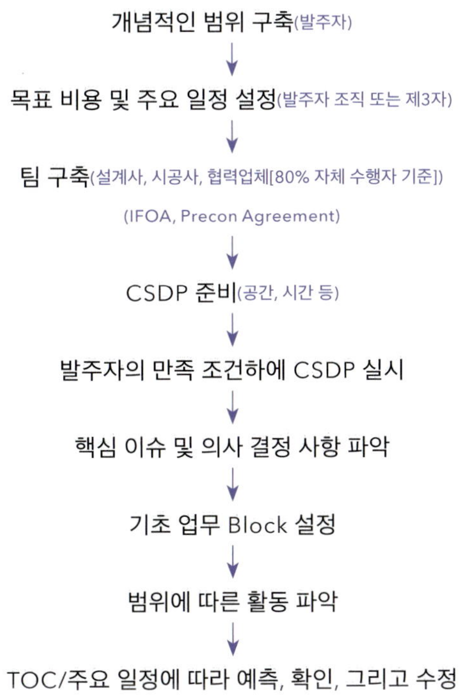

[그림 4.7] CSDP(Collaborative Scoping and Design Process) 흐름도

을 내려야 한다는 점이 기존의 프로젝트 발주 방식들과 크게 다르다는 의견을 피력하였는데, 이렇듯 깊이 관여하다 보니 발주자로서 프로젝트를 더욱 잘 이해하게 되고 후일 불필요한 오해를 줄이는 데 크게 도움이 되었다고 밝혔다. 또한 관리자 자신이 경험해본 프로젝트들 중에서 가장 쉽게 관리한 프로젝트였으며, 전체적으로는 발주자 측에서 관여해야 할 시간이 줄어들었다고 말하고 있다. IPD를 적용하려면 발주자 측에서 처음부터 진정으로 참여하는 마음가짐과 자세가 중요하며 초창기에는 상당한 시간 투자가 필요하다고 보았다.

이 프로젝트에는 정보 요청서가 사용되지 않았는데, 빅룸에서 프로젝트 참여자 간 실시간 정보 공유 및 문제 해결이 가능했기 때문이다. 또한 100% 투명한 회계 장부 공유는 서로를 신뢰하는 데 큰 도움이 되었다.

T. Rowe Price Owings Mills Campus Building 1, Owings Mills, Maryland

프로젝트명	T. Rowe Price Owings Mills Campus Building 1		
규모	111,000 ft^2 (약 10,312m^2)	예산	\$20M

활용된 IPD용 프로젝트 관리 도구들	
Co-location (Big Room)	○
TVD	●
설계 단계시 시공성 계획	●
협업의 도구로 기술 사용	○
대안 공정 계획법	○
지속적인 개선 활동	●

● 적극 활용, ○ 활용, × 활용하지 않음

T.Rowe Price Owing Mills Campus Building 프로젝트는 일반 업무 시설 대수선 프로젝트에 IPD가 적용된 특이한 사례이다. 발주자는 금융 자산 회사인 티 로우 프라이스(T. Rowe Price)사였으며, 시공은 터너 컨스트럭션(Turner Construction)이, 설계는 겐슬러(Gensler)가 맡았다. 규모는 111,000ft^2(약 10,312m^2)이며, 설계 4개월, 시공 8개월(2014년~2015년)이 걸린, 2천만 달러 규모의 프로젝트였다.

발주자에게는 본 프로젝트가 첫 IPD 시도였는데, 약 1년간 연구하고 정보를 수집하여 IPD의 장점을 숙지하고 난 후 IPD를 사용하기로 결정하였다. 발주자는 기존의 발주 방식으로 프로젝트를 진행하면서, 설계와 시공의 미진한 점들 때문에 비용을 초과하거나 공기가 연장된 탓에 결국 조정자 역할을 해가면서 일을 마친 경험이 여러 번 있었다. 설계와 시공이 분리되어 일이 진행되었던 점이 원인이었음을 인지하였고, 하나의 팀으로 일을 진행하는 IPD의 장점을 실제로 적용하고자 하는 의지로 이어졌다.

이 프로젝트는 사무실 공간 개조, 로비 공간 개조, 화장실 개조 등 상당히 평범한 업무 시설 대수선 프로젝트로 보일 수도 있지만, 투자 회사로서 금융 정보를 저장하고 정보 보안 수준을 유지하기 위한 기계 설비 설치가 포함되어 상당한 조율을 요했다.

발주자가 IPD에 직접적인 경험이 없는 관계로, 프로젝트 시작 때부터 IPD 컨설팅 회사를 고용하여 프로젝트 진행을 촉진하는 역할을 하게 하였다. IPD 컨설팅 회사는 발주자가 프로젝트 참여자를 인터뷰하는 데 도움을 주었고, 이틀에 걸친 IPD 교육을 진행했으며, 계약 협상에도 일정 부분 조력하였다. 또한 목표 비용을 정하는 단계에서 다시 전체 프로젝트 참여자들에게 IPD 원리를 주지시키는 역할을 하였다.

IPD 컨설팅 회사가 진행한 프로젝트 초기 단계의 IPD 교육과 이틀에 걸친 린 교육 등은 발주자 프로젝트 관리자들과 초기에 참여한 설계사 및 시공사들이 IPD와 린에 대한 이해도를 높이는 데 매우 큰 역할을 한 것으로 평가되었다.

프로젝트 설계 단계에서 발주자, 겐슬러(설계사), 터너(시공사)가 핵심 팀을 이룬 후에 추가 협력업체들을 공동으로 선정해나갔다. 그리고 주요 협력업체들을 리스크/보상 공동 기금(Risk/Reward Pool)에 참여시켜 주인 의식을 가지고 프로젝트에 참여하도록 유도하였다.

IPD 계약은 핸슨 브리짓(Hanson Bridgett)의 표준 IPD 계약서를 바탕으로 하되 프로젝트에 적합하게 수정하였다. 특히 발주자는 다자 계약과 상호 책임 면책 조항이 프로젝트 참여자들을 한 팀으로 묶고, 각자의 이해가 상충하거나 이권이 손상된다는 판단이 들 때 이기적으로 행동하는 것을 제어하는 효과가 있으리라 판단하였다.

현지 설계사이고 IPD 경험이 전무했던 겐슬러는 오픈북(Open-book) 조항 허용을 상당히 주저하였으나, 프로젝트 팀원들 이외에 외부로 오픈북 정보가 새어나가지 않는 것으로 합의하고 진행할 수 있게 되었다. 다른 IPD 프로젝트와 마찬가지로, 고위 관리팀(SMT, Senior Management Team), 프로젝트 관리팀(PMT, Project Management Team), 프로젝트 운영팀(PIT, Project Implementation Team), 이렇게 3단계의 관리위원회가 구성되어 성공적으로 운영되었다. SMT는 2주에 한 번 전화나 화상 회의 형식으로 전체적인 이슈를 점검하였고, PMT는 PIT를 결성하고 PIT의 일정을 미리 정하고 관리하였다.

몇몇 소규모 협력업체들은 리스크/보상 공동 기금 참여에 소극적이었는데, 프로젝트가 모두 끝난 후에 수익을 일괄 정산하는 시스템인 점과 IPD에서 요구하는 적극적인 조기 참여에 대한 필요성이나 가치를 인지하지 못하는 점이 그 이유였다. 사실 프로젝트의 공기나 비용 등에 중요한 역할을 하지 않는 협력업체들은 기존의 계약 방식으로 운용하는 편이 훨씬 유용하다. 주요 관계자 입장에서는 비록 프로젝트 초창기에 많은 시간과 노력을 들여야 하지만, 프로젝트 전체적으로는 실제 소요되는 시간과 에너지가 엇비슷하거나 오히려 더 적게 든다는 경험이 다수의 의견이다.

이 프로젝트에서는 다양한 린 방법 및 도구들이 사용되었는데, TVD, PPC(Percent Plan Complete), 대시보드(Dashboards), 플러스-델타 분석, A3 보고서, 장점 기반 선택(CBA), 풀 플래닝, 라스트 플래너 시스템 등이 적극적으로 쓰였다. IPD 프로젝트에서 흔히 보이는 빅룸은 적극적으로 활용되지 못하였는데, 이 점은 프로젝트가 끝난 후 레슨 런드(Lessons Learned) 세션에서 부족했던 부분으로 지적되었고, 향후 프로젝트에서 보다 적극적으로 사용되어야 한다고 의견이 모아졌다.

오토캐드(AutoCAD)와 나비스웍스(Navisworks)가 쓰이기는 하였지만, 충분히 효율적으로 사용되지 못한 것으로 자체 평가되었다. 주로 시설관리 차원에서 BIM 모델을 개발한 측면이 더욱 강했고, 실질적으로 대수선 작업에는 효과적으로 쓰이지 못하였다. 네나비스웍스는 시공 시 발생할 간섭 검토를 하는 데 활용되었다.

프로젝트는 성공적으로 마무리되었으며 목표 비용을 초과하지 않았다. 프로젝트 중간에 약 50만 달러 상당의 업무 범위가 추가되었지만, 비용이나 시간 추가 없이 완공될 수 있었다. 발주자에 따르면 프로젝트 최종 비용은 기존에 비슷한 규모의 프로젝트 비용보다 더 적었던 것으로 보고되었다.

Rocky Mountain Institute Innovation Center, Basalt, Colorado

프로젝트명	Rocky Mountain Institute Innovation Center		
규모	15,610 ft^2 (약 1,450m^2)	예산	$9M

활용된 IPD용 프로젝트 관리 도구들	
Co-location (Big Room)	×
TVD	●
설계 단계시 시공성 계획	●
협업의 도구로 기술 사용	○
대안 공정 계획법	●
지속적인 개선 활동	●

● 적극 활용, ○ 활용, × 활용하지 않음

Rocky Mountain Institute Innovation Center는 도심 지역에 위치하지 않은 소형 프로젝트에도 성공적으로 IPD가 적용될 수 있다는 것을 보여주는 사례이다. Rocky Mountain Institute(RMI)는 효율적 에너지 사용과 신재생 에너지 사용을 장려하는 에너지 전문 단체이다. RMI는 건축주를 위해 컨설팅 서비스 형태로 다양한 프로젝트에 참여해왔지만, 발주자 역할은 한 번도 경험해보지 못한 단체였다. RMI가 콜로라도주의 외딴 곳에 짓는 약 9백만 달러, 15,610ft^2(약 1,450m2) 규모의 건축물을 IPD로 진행하기로 결정한 배경에는, IPD가 공사비 절감과 공기 단축에만 주로 집중되어 있었던 관점을 깨고 생애 주기 비용 절감에도 크게 유리하게 작용할 수 있다는 점을 보여주려는 과감한 시도가 있었다. IPD가 비용, 공기뿐 아니라 시설물의 성능을 주요하게 고려하는 프로젝트 발주 방식으로도 최적이라 판단된 것이다. 또한 넷제로(Net Zero) 에너지 건축물을 짓는 만큼 최신 프로젝트 발주 방식을 적용했다는 상징성도 한몫하였다. IPD로 진행한 결과 설계에 8개월, 시공에 12개월이 소요되어, 2015년 11월에 완공되었다.

프로젝트 참여자들 대부분이 IPD 경험이 거의 없는 상태였고, 같이 일해본 경험도 많지 않았다. RFP를 통해 설계사를 선정한 후부터 발주자와 설계자는 IPD 계약 워크숍을 수개월 동안 진행하였으며, 약 5개월 후 RFP를 통해 시공사를 선정한 후에는 IPD 및 린 교육을 실시하여 주요 프로젝트 참여자들에게 IPD와 린을 충분히 이해시키는 시간을 가졌다. 설계가 중반을 넘어갈 때쯤 목표 비용이 정해지고 그 후 한 달 뒤에 공식 다자 계약이 이루어졌다.

RMI는 처음 ConsensusDocs 300을 IPD 계약서로 사용하기로 하였으나, 계약서의 세부 항목 중 프로젝트 실정과 맞지 않는 부분이 있어 쓰지 않기로 결정하였다. 대신 법률 회사 핸슨 브리짓(Hanson Bridgett)을 고용해 이들의 IPD 계약서를 바탕으로 프로젝트 현실을 반영하는 계약서를 작성하였다. 발주자는 건설 전문 법률 회사와 함께 일한 것이 매우 효율적이었다고 말한다. 하지만 기존 AIA의 표준 계약서를 쓸 때보다 상대적으로 더 많은 어려움이 존재하였으며 시간도 약 25% 더 많이 소요되었다. 하지만 이 계약서가 후일 비슷한 IPD 프로젝트를 진행할 때 좋은 벤치마킹 사례가 될 것으로 판단하고 있다. 특히 본 프로젝트에서는 공사비와 공사 기간뿐만 아니라 건축물의 성능과 효율성에 기반한 계약서를 따로 만들어 설계사 및 시공사가 공사가 끝난 후에도 건물의 효율성 성과에 따라 인센티브를 지급받을 수 있도록 하였다.

콜로라도의 외지에서 IPD 프로젝트를 수행하다 보니, 지역 협력업체들을 IPD에 동참하게 하는 것이 특히 어려운 점이었다. 경쟁 입찰 방식에 익숙한 대다수의 소규모 협력업체들에게는, 현지에 많은 경쟁 입찰 방식의 프로젝트들이 상당수 존재하는 상태에서, 굳이 큰 일감도 아닌데 새로운 프로젝트 형태에 참여해야 하는 부담이 있었다. 특히 리스크/보상 공동 기금(Risk/Reward Pool)에 대해, 본인이 확보한 이윤을 경우에 따라 다른 업체와 나누어야 한다는 조항에 상당한 거부감을 표현하고 참여 자체를 거부한 업체들도 있었다. 물론 IPD에 대한 이해가 부족한 탓이 컸지만, 이는 현지 건설 시장 상황에 따라 IPD의 시장 침투가 매우 어려울 수도 있음을 시사한다.

IPD를 처음 접해본 설계 회사는, 회계 관리에 있어 전통적인 정액 도급 계약(Lump-Sum) 방식보다 더욱 복잡하고 섬세한 노력이 필요해 어려움이 있었다고 말하고 있다. 특히 얼마 정도가 ICL(Incentive Compensation Layer, 인센티브 보상 조항) 에 들어가는지, 얼마를 정확하게 청구해야 하는지, 후일 이윤 공유(Profit Sharing)로 돌려받는 금액은 어느 정도인지 등은 IPD가 앞으로 해결해나가야 하는 문제점으로 지적되었다.

하지만 전통적인 프로젝트에서 문제가 발생하면 RFI부터 시작해서 계약 변경까지 이어지는 긴 문서화 작업과 시간 소모가 발생하는데 비해, IPD 프로젝트에서는 공동으로 일하고 해결책이 생기면 곧바로 실행에 옮길 수 있는 점이 모두가 공감하는 탁월한 강점이었다. 특히 독일에서 제작 공급되기로 한 커튼월의 조달이 3개월 지연될 것이 확실시되었을 때, 설계사, 시공사 모두 적극적으로 아이디어를 제시하여 일부 설계를 수정함으로써 예상되는 공기 지연을 미리 방지할 수 있었던 점은 IPD 프로젝트라서 가능했던 강점으로 부각되었다.

다양한 린 기법들이 이 프로젝트에 활용되었는데, 대표적으로 A3 보고서, 주간 업무 계획, 이정표, 마감 일정(Deadline) 등이 포함된 프로젝트 대시보드(Project Dashboard), 플러스 델타 분석, 풀 플래닝, 라스트 플래너 시스템 등이 쓰였다. 특히 라스트 플래너 시스템은 매주 모든 협력업체들이 주공정 계획표와 함께 사용하였다. 다만 IPD의 핵심으로 여겨지는 TVD 프로세스는 적용되지 않았다. BIM 사용은 건물 외피 설계에 큰 도움을 주었고, 시공사는 설계사의 모델을 기반으로 시공 단계를 3차원적으로 보여주는 데 크게 기여하였다. 넷제로(Net Zero) 에너지를 목표로 하는 프로젝트였던 만큼 에너지 모델링은 아주 큰 역할을 하였지만, BIM 모델과 연동되지는 않았다. 발주자가 선호한 IESVE(Information Environmental Solutions Virtual Environment)[iv] 프로그램을 에너지 모델링 도구로 사용하였고, 해당 도구를 통해 프로젝트 팀 전체가 에너지 목표를 공유할 수 있었으며 이해도 또한 높아졌다.

프로젝트는 성공적으로 마무리되었다. 절감된 공사 비용 약 5만 달

---

iv 다양한 건축물 성능 및 공정을 처리할 수 있도록 설계된 다양한 맞춤형 모듈을 제공하는 에너지 분석 및 성능 모델링 소프트웨어.

러는 프로젝트 가치를 높이는 데 재투자되어 사용되었다. 프로젝트 비용은 비슷한 규모의 타 프로젝트 비용보다 10.8% 더 소요된 것으로 판단되었지만, 이는 넷제로 달성을 위한 프리미엄으로 이해되었다. 또한 해당 투자 비용은 생애 주기 비용을 계산해 보면 4년 만에 모두 보상받는 것으로 추정되었다.

Autodesk Inc., AEC Solutions Division Headquarters, Massachusetts

<table>
<tr><td>프로젝트명</td><td colspan="3">Autodesk Inc., AEC Solutions Division Headquarters</td><td colspan="2" rowspan="2">활용된 IPD용 프로젝트 관리 도구들</td></tr>
<tr><td>규모</td><td>55,000 ft^2
(약 5,110m^2)</td><td>예산</td><td>$13.4M</td></tr>
<tr><td colspan="4" rowspan="6"></td><td>Co-location
(Big Room)</td><td>○</td></tr>
<tr><td>TVD</td><td>×</td></tr>
<tr><td>설계 단계시 시공성 계획</td><td>●</td></tr>
<tr><td>협업의 도구로 기술 사용</td><td>○</td></tr>
<tr><td>대안 공정 계획법</td><td>×</td></tr>
<tr><td>지속적인 개선 활동</td><td>×</td></tr>
</table>

● 적극 활용, ○ 활용, × 활용하지 않음

오토데스크(Autodesk)사는 건축, 공학, 미디어 등 건설업계 전반을 위한 2D, 3D 디자인 소프트웨어를 개발하는 회사이다. 이 회사는 매사추세츠에 위치한 사무실 인테리어 리모델링 공사를 통해 자신들의 소프트웨어가 IPD, BIM, 공업화 적용 프로젝트의 설계, 지속 가능성 등을 지원하는 데 적합한지 알아보고, 프로젝트를 성공적으로 수행하여 홍보 효과를 얻고자 하였다. 2008년 5월부터 2009년 1월까지 약 9개월이라는 비교적 짧은 기간 동안 공사가 진행되었다. 실제로 설계에 3.5개월, 시공에 6개월이 소요되었으며, 이는 IPD가 아닌 다른 프로젝트 발주 방식이었다면 불가능한 일정으로 평가받았다. 사무실, 회의실, 운동시설, 카페, 브리핑룸이 공사 대상이었고, 인테리어 공사였기 때문에 프로젝트의 난이도는 전반적으로 높지 않았다. 다만 브리핑룸에 있는 목재 패널 등 복잡한 디자인 요소들이 중간중간 있었고, 발주자의 요구에 따라 여러 차례 설계 변경이 있었다. 무엇보다도 인테리어 공사가 진행되는 동안 회사 직원들이 일반 업무를 진행하는 데 어려움이 있기 때문에 촉박한 공사 기간을 요구하였다.

이 프로젝트에는 설계사 클링스터빈(KlingStubbins)과 시공사 토치빌딩 컴퍼니(Tocci Building Companies)가 참여하여 순수 IPD 계약을 맺었고, 특이하게 3개의 주요 시공 협력업체(기계, 소방, 전기 등)가 프로젝트 초기 단계부터 함께 계약에 포함되어 위험 및 보상 공유 등에 참여하였다.

발주자는 IPD 프로젝트의 원활한 진행을 위해서 설계사와 시공사가 서로를 선택하기를 원했다. 설계사와 시공사 선정을 위해 공고할 때 서로의 RFP를 보고 어떤 설계사 혹은 어떤 시공사가 본인들의 회사와 협력하여 좋은 결과를 낼 수 있을지를 각 설계사와 시공사가 사전에 평가하고, 평가 결과를 바탕으로 최종적으로 클링스터빈과 토치빌딩 컴퍼니가 IPD 프로젝트에 참여하게 되었다. 사기, 고의적인 위법 행위 또는 중과실 등의 경우를 제외한 상호 면책 조항에 동의한 순수 IPD 형태의 계약이었고, 분쟁이 발생한다면 중재로 해결하는 것이 계약서에 명시되었다.

ICL(Incentive Compensation Layer, 인센티브 보상 조항)이 계약서에 포함되었는데, 이는 설계사와 시공사에게 예상되는 이윤을 리스크에 추가하는 것이다. 만약 프로젝트를 진행하는 도중, 특정 목표가 달성되거나 가시적인 성과가 생기면 설계사와 시공사가 모두 보상을 받는 형식이다. 이때 설계사만 보상을 받거나 시공사만 보상을 받는 일은 계약상 불가능하게 하였다. ICL은 목표를 충족하거나 초과하는 정도에 따라 +20% 또는 -20% 수준까지 조정할 수 있었고, 다음과 같이 구체화되었다.

- 프로젝트 비용이 예산보다 적게 소요된다면, 절감액의 60%를 ICL에 추가한다.
- 프로젝트 비용이 예산보다 많이 소요된다면, 초과분은 소진될 때까지 ICL에서 공제된다.
- 프로젝트가 계획된 일정보다 빠르게 진행된다면, ICL에서 비용을 일당으로 계산하여 공제한다.
- 이때 발주자에게는 일정에 대한 위험 및 이익 공유가 해당되지 않는다.

e) 제3자로부터 품질 평가를 받아 설계 목표, 비용, 공사 기간의 적합성을 평가한다.

이 프로젝트에서는 참여자들 간 정보 공유를 용이하게 하기 위해 별도의 자문팀을 구성하였다.발주자의 요구에 따라 전체 예산의 30% 수준에 해당하는 프로젝트 범위 변경과 설계 변경이 빈발했는데, 설계사는 세 가지 대안을 각각 모델링하고 동시에 시공사는 각 대안들이 프로젝트 비용과 일정에 미치는 영향을 연구했다. 일주일 내에 프로젝트 팀은 BIM을 활용하여 발주자에게 충분한 정보를 제공함으로써 요구 사항을 충족시키는 최적의 대안을 제시할 수 있었고, 발주자는 정보에 기반하여 의사 결정을 내릴 수 있었다.

정보의 공유는 주로 대면 공유 또는 BIM을 통해 이루어졌다. 주요 프로젝트 참여자들에 한하여 대면 공유 시에는 빅룸 또한 적극적으로 활용되었다. 사실상 프로젝트 참여자들 간의 물리적 거리가 크지 않은 편이었기에 빅룸이 반드시 필요한 것은 아니었다. 하지만 프로젝트의 특성상 BIM 모델을 자주 활용했는데, BIM 모델 파일의 용량이 커서 각자 떨어진 곳에서 클라우드 기반으로 접근하려면 속도가 매우 느렸기 때문에 빅룸을 구성하게 되었다.

설계사와 시공사는 주로 오토데스크(Autodesk)에서 개발한 레빗(Revit)을 활용하였고, 시공 협력업체들은 본인들의 작업에 특성화된 소프트웨어를 사용했는데, 이들은 레빗(Revit)에 대한 지식이 거의 없었다. 이 때문에 BIM 모델을 보다 적극적으로 활용하는 데 다소 한계가 있었고, 이는 나중에 개선되어야 할 점으로 보고되었다.

프로젝트를 진행하며 시공사 측에서는 설계 품질 기준을 충족시킬 수 있을지 걱정했으나, 고품질의 자재와 인테리어 세부 사항에 충분한 예산을 투자하여 기준을 충족시켰고, 결국 인센티브를 받을 수 있었다. 시공사가 설계 단계부터 참여하여 현장을 충분히 이해할 수 있었고, 건축 허가와 대지 조사에 별도의 시간이 소요되지 않아 전체 일정을 충분히 맞출 수 있었던 점도 인센티브를 받을 수 있었던 주요 원인이었다. 시공사는 린 기법을 적용함으로써 프로젝트 가치가 55% 향상되었다고 말했다. 설계사 입장에서도 시공사와의 밀접한 협력 관계가 반복 작업을 불필요하게 만든다는 점을 깨달았다. 설계사가 현장에 머물러야 하는 시간을 줄여주었고, 정보 공유를 위한 RFI 및 기타 제출물을 들여다보는 시간을 줄여주어 프로젝트 진행 과정에서 불필요한 작업을 줄일 수 있었다. 또한 IPD를 적용하여 설계 단계에서는 계약 금액보다 1만 달러, 시공 단계에서 10만 6천 달러를 절감할 수 있었다.

Edith Green Wendell Wyatt Federal Building, Oregon

프로젝트명	Edith Green Wendell Wyatt Federal Building		
규모	525,421 ft^2 (약 48,813m^2)	예산	$123.2M

활용된 IPD용 프로젝트 관리 도구들	
Co-location (Big Room)	●
TVD	●
설계 단계시 시공성 계획	●
협업의 도구로 기술 사용	●
대안 공정 계획법	●
지속적인 개선 활동	●

● 적극 활용, ○ 활용, × 활용하지 않음

Edith Green Wendell Wyatt Federal Building 프로젝트는 미국 연방 조달청(GSA, General Services Administration)에서 발주한 정부 기관 건축물의 리모델링 프로젝트였다. 당초에 DB로 프로젝트를 진행하려 하였으나, 예산 문제로 프로젝트 범위를 조절한 후에 IPD로 전환하여 공사를 시작했다. 발주자가 정부 기관이었기 때문에 프로젝트 일정, 예산, 건축물의 성능 등이 정부의 요구 사항에 부합해야 했고, 고성능 친환경 건축물 디자인 요소를 적용하고 소규모 지역 회사들을 프로젝트에 포함시켜야 하는 것 또한 큰 목표였다. 무엇보다 2010년까지 약 8개월 만에 GMP(Guaranteed Maximum Price)를 계산하여 제출하도록 요구받았기 때문에 IPD를 활용하기로 결정했고, GSA 입장에서는 이 프로젝트를 성공적으로 수행하여 자기 능력치를 알아보고 IPD를 시장에서 선점하고자 하는 의도도 있었다.

IPD 선점을 위한 탐색 목적이 있었기 때문에 주요 참여자들의 프로젝트 조기 참여와 같은 주된 협력 전략이 적극적으로 쓰였고, IPD의 프로세스를 보다 완전하게 정의하기 위해 IPD 프로젝트 참여자들은 'CMc+6 Delivery'라는 이름의 문서를 별도로 작성하였다. 이 문서는 다음과 같은 6가지 협력 전략을 포함하였다.

- 발주자에 의한 현장 관리
- 계약서 작성 전 협력업체의 참여
- CM 업무의 일환으로 주 협력업체 선정 요청
- 통합 문서 개발
- 코 로케이션(Co-location) 시설 구축
- 최적화된 BIM 활용

이 문서는 계약서에 언급된 사항은 아니었지만, 프로젝트 팀에 의해 적극적으로 활용되었다.

프로젝트를 진행하며 GSA는 코 로케이션의 성과를 측정하기 위해 주기적으로 프로젝트 참여자들에게 이전의 다른 프로젝트 경험과 비교하는 평가를 요구했다. 평가 항목은 코 로케이션의 물리적 작업 환경, 공동 의식, 참여자들의 전문성, 생산성, 혁신 및 개선, BIM 활용 등이었다. 첫 번째 조사 결과, 참여자들의 전문성, 공동 의식 및 BIM 활용 측면에서 매우 긍정적인 평가를 받았다. 프로젝트 참여자의 대다수가 혁신 및 개선 수준이 이전의 프로젝트보다 월등하다고 느꼈으며, 2%만이 코 로케이션이 혁신 및 개선에 영향을 주지 않는다고 응답했다. 생산성 항목은 가장 낮은 일치를 보였는데, 참여자들의 14%가 기존과 대비하여 더 나빠졌다고 응답했고, 28%는 동일, 18%는 기존 프로젝트 대비하여 더 개선되었다고 응답했다. 전반적으로 낮은 평가를 받은 항목은 물리적인 작업 환경이었다. 이는 프로젝트에 활용된 코 로케이션 공간이 기존 사무실 배치를 그대로 둔 채 사용 가능한 공간을 중심으로 꾸려졌고, 따라서 참여자들이 같은 층에 머무르지 못하게 되어 효과적인 의사소통이 어려워졌기 때문이었다.

계약은 다자 계약이 아닌 맞춤 작성된 다수의 독립된 계약을 체결했다. 공공 프로젝트의 특성상 GSA의 계약 담당자가 기존 계약 구조의 법률을 변경해야 하는 어려움 때문에 다자 계약을 할 수 없었고, 다자 계약이 명시하는 인센티브, 위험과 보상의 공유는 기존 계약서에서 쓰이는 보상과 인센티브 조약으로도 충분히 이행 가능하다고 생각했기 때문이었다. 설계사-시공사 간 계약서에는 위험과 보상의 공유, 상호 면책 조항 등 IPD에서 흔히 사용되는 협력적 용어는 포함되지 않았지만, 협력의 철학과 각자의 행동에 대한 지침 등을 포함했다. 계약서에 IPD가 거래적 계약이 아닌 관계적 계약임을 충분히 설명하고 IPD의 특성을 기술하여, 프로젝트 참여자들이 업무 수행 방식을 기존 발주 방식과 다르게 재정의하고 재창조할 수 있도록 하였다.

발주자 입장에서는 프로젝트에 소요되는 공사 비용을 비교적 정확하게 예측할 수 있다는 것이 IPD의 주된 이점 중 하나이다. 발주자가 프로젝트에 적극 참여함으로써 고가의 자원 활용을 최적화하기 위한 적절한 시기를 의사 결정할 수 있었기 때문에, 결과적으로 목표 비용을 충족시키는 데 큰 도움이 되었다. 또 오픈북(Open-book) 조항으로 발주자와 프로젝트 참여자들 간 투명한 대화가 가능해지면서, 발주자가 프로젝트 전체 비용에 영향을 미치는 의사 결정을 심사숙고할 능력을 기를 수 있었다. 정부의 요구에 따라 8개월이라는 짧은 기간 내에 GMP를 책정해야 했는데, 이는 IPD가 아닌 다른 발주 방식이었다면 불가능했을 것으로 판단된다. 주요 프로젝트 참여자들이 조기에 참여했기 때문에 각자가 가진 전문 지식을 빠르게 투입하여 설계에 반영할 수 있었고, 그 결과 GMP 제출 일정을 맞출 수 있었다.

일반적으로 여러 시설물을 관리하고 건설 프로젝트를 진행하는 대형 정부 기관에서 비용, 일정, 분쟁 측면의 리스크 관리는 아주 중요하게 여겨지는데, 여러 프로젝트에 범용적으로 적용할 수 있는 발주 방식 프로세스를 실시하고 프레임워크를 갖추어 놓는 것은 정부 입장에서 투자할 만한 가치가 충분하다. 결과적으로 모든 프로젝트 참여자들이 IPD의 유연성과 투명성으로 리스크 관리가 훨씬 용이해진다는 것을 배웠고, 이를 차차 발전시킨다면 정부 기관에서 리스크 관리 프레임워크로 발전할 수 있을 것이라 생각된다.

하나금융그룹 통합데이터센터

<table>
<tr><td>프로젝트명</td><td colspan="3">하나금융그룹 통합데이터센터</td><td colspan="2" rowspan="2">활용된 IPD용 프로젝트 관리 도구들</td></tr>
<tr><td>규모</td><td>65,757m^2</td><td>예산</td><td>공사비
1,800억원</td></tr>
<tr><td colspan="4" rowspan="6"></td><td>Co-location
(Big Room)</td><td>●</td></tr>
<tr><td>TVD</td><td>●</td></tr>
<tr><td>설계 단계시
시공성 계획</td><td>●</td></tr>
<tr><td>협업의 도구로
기술 사용</td><td>●</td></tr>
<tr><td>대안 공정 계획법</td><td>○</td></tr>
<tr><td>지속적인 개선
활동</td><td>●</td></tr>
</table>

● 적극 활용, ○ 활용, × 활용하지 않음

인천시 서구 청라 인천경제자유구역에 위치한 하나금융그룹 통합데이터센터는 한국에서 최초로 IPD 방식(IPD 방식의 가장 낮은 수준이라 볼 수 있는 PCS(Preconstruction Service) 방식으로 수행함)을 적용한 프로젝트이다. 하나금융그룹은 2014년 인천경제자유구역 청라역 인근에 하나금융그룹 통합데이터센터, 인재개발원, 그룹 본사 사옥, 통합콜센터, 레지던스 용도의 금융타운을 조성하고자 5개 부지를 매입하였다. 하나금융그룹 통합데이터센터 프로젝트는 2014년 초 계획하여, 2017년 5월 완공까지 약 3년 5개월 동안 진행되었으며, 기획 10개월, 설계 8개월, 시공 23개월이 소요되었다. 건축 규모는 지하1층 지상16층으로 개발센터와 데이터센터 용도로서, 연면적은 65,757m^2, 최종 정산 공사비는 1,946억원이다.

경제자유구역의 부지를 매입하기 위해서는 일정 규모의 외국인 투자(FDI)가 필요하다. 외국인 투자자는 하나금융그룹 통합데이터센터 프로젝트에 투자하면서 해외 투자 사업의 리스크를 최소화하기 위해 초기 사업 예산이 초과되지 않도록 원가를 투명하고 효과적으로 관리하고자 최고 가치(Best Value) 발주 방식인 IPD를 제안하였으며, 이를 하나금융그룹이 수용하면서 국내 최초로 IPD 발주 방식을 적용하게 되었다.

본 프로젝트에는 미국 캘리포니아 레드우드시티에 본사를 둔 IPD 방식으로만 시공하는 건설사인 DPR이 외국인 투자자 겸 PM사로 참여하였다. DPR은 IPD 방식에 대한 초기 교육 활동을 수행하였으며, 한미글로벌 CM단과 DPR이 협약을 체결하여 한 팀으로서 PM 역할을 수행하였다. DPR은 IPD 방식의 개념과 세부 기법, 미국에서의 실무 적용 사례를 한미글로벌과 공유하였으며, 한미글로벌은 발주자, 설계사, 시공사 등을 통합 조정하고 IPD 방식의 다양한 기법을 활용하여 IPD 활동을 수행하였다.

서울 성동구 왕십리 사무실에 빅룸(Big Room)을 운영하였으며, 발주자, PM단(한미글로벌+DPR), 설계사(삼우설계), 주요 공종 설계 협력사, 시공 전문가인 IPD 용역사(GS건설), 주요 공종 전문 시공 하도 업체 등 약 110명이 상주하면서 IPD 활동을 수행하였다. 설계 부문에서는 건축, 토목, 구조, 기계, 전기/통신, 소방, 조경 분야에서 참여하였으며, 시공 부문에서는 건축, 토목, 철근 콘크리트, 외장, 내장, 기계, 전기, 소방, 구조 컨설팅, 커튼월 컨설팅, SI(전산 컨설팅), 3D BIM 코디네이션 등이 참여하였다.

착수 초기에는 IPD 방식에 대한 개념 정립, 참여자의 교육과 팀빌딩에 중점을 두었다. 발주자는 그동안 경험한 전통적인 DBB(설계 시공 분리 발주)와 달리, 수평적인 의사 결정 구조의 IPD 방식에 대해 부정적인 시선을 보였으나, IPD 방식의 장점을 이해하게 되면서 적극적인 프로젝트 스폰서가 되었고, 이를 바탕으로 관계자 모두가 적극적으로 IPD 활동에 참여하게 되었다. 프로젝트 완료 시점에는 프로젝트 참여자 모두가 공기 단축, 공사비 절감, 시공 오류 최소화 등을 통한 프로젝트 가치 창출 성과와 새로운 발주 방식에 대해 긍정적인 경험을 공유할 수 있었다.

하나금융그룹 통합데이터센터 프로젝트에 적용한 IPD 방식의 세부 기법으로는 목표 가치 설계(Target Value Design), 풀 플래닝(Pull Planning), 3D BIM 모델링, A3 보고서, 빅룸(Big Room) 등 대부분의 린(Lean) 기법들이 사용되었다. 의사 결정 구조는 공종별 클러스터(Cluster) 회의, 핵심 그룹(Core group) 회의, 빅룸(Big Room) 회의로 구분하여 실시하였다. 시공 단계에서는 주요 시공사와 주요 시공 협력업체들이 현장 BIM룸에 모여서 협업과 자유로운 정보교환이 가능하도록 하였으며, 공사 현장에 최신 BIM 자료를 즉시 찾아보고 공사에 활용할 수 있는 키오스크 두 곳을 설치하여, 실무 작업자들이 3D BIM을 보면서 툴 박스 미팅(Tool Box Meeting)을 실시하고 작업 효율을 향상시킬 수 있었다.

목표 비용(Target Cost)은 PM단이 착수 초기에 기수행 데이터센터 실적 자료와 프로젝트 특성을 반영하여 산정하고 발주자의 승인을 받아 1,800억으로 결정하였다. 매주 설계 진행 과정에서 공종별 Risk & Opportunity Log를 작성하여 지속적인 공사비 절감 활동을 수행하였으며, 제안된 개선 아이디어를 공종별 클러스터에서 협의하고 A3 보고서를 작성하여 주간 회의 시 최종 발주자의 승인을 득하였으며, 이를 Cost trending으로 집계하였다. 목표 공사비 달성을 위해 세부 공종별 기획 단계 전산(SI) 컨설팅 보고서를 기준으로 산정한 공사비(2,297억)와 목표 공사비(1,800억)의 차이를 절감 목표로 설정하였으며, 공사비 절감 활동을 통해 계획 설계 단계 2,279억에서 기본 설계 2,095억, 실시 설계 단계 1,985억으로 줄이는 성과를 실현했다.

프리콘 기간 동안 절감 목표를 달성한 공종의 전문 시공 용역 참여 업체는 수의 계약으로 시공자로 전환하였으며, 절감 목표를 미달성한 공종의 전문 시공 용역 참여 업체는 지명 경쟁 입찰에 참여할 수 있도록 하였다. 설계 단계 종료 시점에 IPD 용역사인 시공사를 시공자로 전환하는 계약을 체결하였고, 계약 공사 금액은 1,985억이었다. 공사계약은 Open book + GMP 계약(이익 성과 공유는 금융 그룹의 특성상 공사 계약에서 적용하지 않음) 방식으로 체결하였다. PM단은 DPR의 자문을 통해 IPD 방식 계약의 특성을 반영하여 프로젝트 맞춤형 공사 계약서를 작성하였다. IPD 계약서는 발주자, PM단, 시공사가 약 3개월 동안 세부 계약 조건을 협의하여 완성하였다. 준공 시점의 최종 공사비는 1,905억원으로 계약 공사 금액보다 80억 절감하였는데, 이는 시공 단계에서 실제 사용한 금액을 오픈북 방식으로 정산하는 과정에서 직접 공사비, 간접비와 예비비(Contingency), 우발 위험 준비금 등에서 주로 절감한 것으로, 발주자에게 귀속되었다.

공정 관리 측면에서 IPD 방식의 장점으로 공기 단축 및 공기 지연 방지 효과가 있었다. IPD 용역사로 참여한 시공사의 조기 투입으로 시공사 선정 기간 2개월, 건축 인허가를 취득한 후 토공사 착수와 실시 설계를 병행(Fast track) 진행하여 2개월, 도합 4개월을 단축하였으며, 시공성이 충분히 검토된 설계 도서에 따라 추가적인 공기 지연 없이 준공하였다. 시공 전문 협력사들이 참여하여 시공성 및 현실성이 반영된 최적화된 공정을 제시하였으며, 발주자, 설계사, 시공사, 협력사가 참여하여 풀 플래닝(Pull Planning) 방법으로 주요 공종별 흐름도 작성(Process Mapping)을 통한 공기단축을 실현할 수 있었다.

또한 IPD 용역사이자 추후 시공자로 전환하는 시공사가 설계 진행 과정에 시공성을 검토하여 최적화된 설계 도서를 작성하였다. 설계사의 건축, 전기, 설비 등의 협력업체 인력이 빅룸에 상주하면서 실질적인 시공성 및 간섭 검토를 실시하였다. 주 공정선(Critical Path)에 해당되는 토목, 철근 콘크리트, 외장, 내장, 전기, 기계, 소방 분야 실무자가 3D 모델링과 클러스터 회의에 참여하여 공종 간 간섭 검토, 사전 시공사의 문제점을 도출하고, 이를 설계사와 협의하여 실시 설계 도면에 반영하여 재시공을 최소화할 수 있었다. 프리콘 기간 동안 시공사가 검토한 시공성 검토 사항은 본 시공에 구현될 수 있도록 공사시방서(Specification)에 반영하였다.

선진 건설 시장은, 시공사에 과다한 리스크를 전가하면 고품질 시공 의욕 상실, 안전, 환경 경시와 더불어 클레임과 저가 하도급으로 허위 절약을 초래할 수 있다는 이유로 최저가 낙찰제 대신 대부분 최고 가치(Best Value) 입찰 방식으로 전환되었으며, 발주자와 시공사는 충분한 사업 협의를 거쳐 이익은 물론 손실을 공유하는 건설 사업의 동반자 관계로 상호 인식하고 있다.

IPD 방식은 그동안 설계 완료 후 경쟁 입찰을 통한 최저가 업체를 선정하고 공사를 진행하는 전통적인 DBB 방식에 비하여, 발주자, PM사, 설계사, 설계 협력업체, 시공 전문가인 IPD 용역사, 전문 시공 협력업체가 참여하여 BIM 3D 모델링을 통한 가상 시공으로 설계 대안별 공법, 공사 간섭, 공기, 공사비 등을 검토함으로써 설계 오류를 최소화하고 고객 가치를 극대화할 수 있는 발주 방법이다. IPD 방식이 탁월한 성과를 내기 위해서는 프로젝트 참여자 모두의 신뢰가 바탕이 되어야 하며, 하나의 팀으로 리스크와 성과를 공유하겠다는 건설 생산 방식의 패러다임 변화가 필요하다.

IPD 방식으로 수행한 결과, 발주자는 공사 계약 금액보다 절감한 금액으로 정해진 공기 내에 데이터센터를 건설할 수 있었으며, 시공사는 당초 공사 도급 계약으로 정한 간접비와 이윤을 감액 없이 확보할 수 있었으며, BIM을 활용해 준공도서(As-Built)를 작성하여 발주자 시설 관리팀에 인수 인계함으로써 효율적인 유지 관리가 가능하도록 할 수 있었다. 하나금융그룹 통합데이터센터 프로젝트에서는 IPD 방식을 국내 최초로 도입하여 성공적으로 운영함으로써, 국내 건설 산업이 한 단계 도약할 수 있는 성공 모델을 완성하였다. 발주자가 건설 산업의 특성에 따라 선택할 수 있는 발주 방식의 폭을 넓히게 되었으며, 이후 한국에서 IPD 방식이 본격 도입되어 다수의 프로젝트에 적용되는 계기가 되었다.

오스템임플란트 중앙연구소

프로젝트명	오스템임플란트 중앙연구소		
규모	70,983.40m^2	예산	1,000억원

활용된 IPD용 프로젝트 관리 도구들	
Co-location (Big Room)	●
TVD	×
설계 단계시 시공성 계획	●
협업의 도구로 기술 사용	●
대안 공정 계획법	×
지속적인 개선 활동	●

● 적극 활용, ○ 활용, × 활용하지 않음

오스템임플란트는 치아 임플란트와 치과 의료 기기 등을 생산하여 국내외에 공급하는 회사로서, 기존 부산 연구소와 서울 본사를 통합한 사옥을 마곡 지구에 건립할 계획을 가지고 있었다. 발주자는 프로젝트의 성공을 위해 CM사로 한미글로벌을 우선 선정하고, 경쟁 입찰을 통해 희림건축을 설계사로 선정하여 설계를 진행하던 중, 주요 마감 재료, 공법, 장비 및 시스템이 결정된 이후인 중간 설계 단계부터 PCS(Preconstruction Services) 도입을 검토하게 되었다.

그 당시만 해도 국내에서 PCS를 수행해본 경험이 있는 회사는 GS건설뿐이었으며, 그것도 시공 단계에서 시행한 프로젝트는 1건뿐이었다. 발주자와 시공사들이 PCS에 대한 이해가 부족한 상태에서 발주자는 PCS 용역 제안을 평가한 후 주 시공사를 대우건설로 결정하였으며, 목표 공사비 달성 여부와 관계없이 입찰을 할 수도 있다는 전제로 계약을 하였다. 발주자가 PCS에 대한 이해가 부족했기 때문에 시공사를 빅룸에 상주시키고, 설계사는 비상주로 하되, 설계사에게는 용역 범위 증가로 인한 설계비 증액을 해주고, CM사는 PCS로 인한 용역비의 증액 없이 발주자의 의사 결정 지원만을 해줄 것을 요청하였다.

PCS 용역과는 별개의 업무로 대우건설은 몇 개월간의 DPR 연수를 통해 축적된 PCS 역량으로 업무를 수행하였다. 시공 협력업체 및 BIM 업체를 선정하고, 빅룸을 구성하고, 공종별 클러스터 회의를 통하여 협의된 안건을 빅룸 회의에서 검토하여 반영 여부를 결정하는 방식으로 진행되었다. 그러나 엔지니어링 및 PM 역량 부족으로 업무 수행에 차질이 생겼고, 설계사와 시공사 간의 의견 충돌이 발생하였다. 이에 대한 해결책으로, CM단이 클러스터 회의 참여 및 PM 역할 수행 등 계약 업무 범위 이외의 업무를 수행함으로써 프로젝트를 무사히 진행할 수 있었다.

매주 마감 재료, 공법, 장비 및 시스템에 관한 검토를 지속적으로 수행하고, 그 결과를 반영한 공사비 추이(Cost Trending) 결과를 보고하고, 시각화 자료를 통해 공정을 검토하였고, BIM을 통한 오류 및 간섭 체크를 통해 시공상 문제되는 부분을 공유하고 실시 설계도면에 즉각 반영하여 시공 단계에 발생할 가능성이 있는 문제점을 사전 차단하였다.

초기에 검토된 예상 공사비가 1,519억이었으나, 공사비 추이(Cost Trending) 검토를 거치면서 1,275억으로 절감하였다. 절감 금액에도 불구하고 발주자가 1,000억원 이하로 공사비를 맞출 것을 요구하였고, 일부 성능을 하향 조절하여 1,003억원으로 공사비를 낮출 수 있었다. 발주자는 입찰을 통해 시공사를 선정하였고 결과적으로 더 낮은 견적 금액으로 도급 계약을 체결하였으며, 이 부분은 추후 프로젝트 진행에 있어 아쉬운 대목으로 꼽혔다.

PCS 자체는 이론적으로 합리적인 방식이나, 안타깝게도 미국과는 다른 한국의 건설 문화로 인해 제대로 수행되지 못하고 있다. 프로젝트 참여자들에게 동기 부여가 필요한데도, 발주자는 이익을 나누거나 책임을 공유하는 것에 거부감이 있으며, 아직까지도 적정가를 지불하고 품질을 확보하기보다는 더 저렴하게 지으면서 품질 확보를 요구하는 것이 현실이다. 그러나 앞선 사례들에서도 시사하듯이 공사비가 저렴하다고 무조건 좋은 것은 아니며, 투자의 개념으로 이해하는 것이 바람직하다. 정부에서도 최저가 경쟁 입찰에서 적정가를 적용하고 있는 시기이다. PCS를 적용한 공사비가 최종 건축물의 등급과 가치를 결정한다는 점을 발주자가 깊이 새길 줄 아는 문화가 조성되어야 한다. 이러한 측면에서 PCS는 실제 시공 단계에 참여하는 시공사가 설계 단계부터 참여하여 시공성을 검토하고, 오픈북을 통해 원가를 공개함으로써 의도된 품질을 적정 가격으로 공사할 수 있도록 하는 최선의 방법이며, 시간이 다소 소요되더라도 다양한 형태로 건설업계에 도입될 것으로 예상된다.

마곡 신사옥 및 R&D센터

<table>
<tr><td>프로젝트명</td><td colspan="3">마곡 신사옥 및 R&D센터</td><td colspan="2" rowspan="2">활용된 IPD용 프로젝트 관리 도구들</td></tr>
<tr><td>규모</td><td>39,076m^2 + 21,870m^2</td><td>예산</td><td>1,300억원</td></tr>
<tr><td colspan="4" rowspan="6"></td><td>Co-location (Big Room)</td><td>●</td></tr>
<tr><td>TVD</td><td>×</td></tr>
<tr><td>설계 단계시 시공성 계획</td><td>●</td></tr>
<tr><td>협업의 도구로 기술 사용</td><td>●</td></tr>
<tr><td>대안 공정 계획법</td><td>×</td></tr>
<tr><td>지속적인 개선 활동</td><td>●</td></tr>
</table>

● 적극 활용, ○ 활용, × 활용하지 않음

마곡 신사옥 및 R&D센터는 ㈜한독, ㈜제넥신, ㈜프로젠의 합성 신약 및 바이오 신약 연구를 담당하는 연구소이다. 마곡 R&D센터는 복합 건축물로 지하층은 전체를 연결하여 건축하되, 지상층은 공용 공간과 개별 회사 연구 공간으로 구분하여 지상 9층, 지하 3층 규모로 지어진다. 2019년 11월 착공하여 2021년 10월말 완공을 목표로 진행 중이다. 마곡 R&D센터는 오픈랩(Open Lab) 및 가변적 공간 활용, 연구 실험 공간의 개방감 그리고 유연한 유틸리티 시스템을 적용하여 미래지향적 연구 시설 건설을 목표로 하였다. 또한 연구원들의 협력을 촉진하고 혁신적인 아이디어를 공유할 수 있는 개방적 아트리움 공간 개념으로 설계하였다. 복지 및 휴게 공간을 위해 옥상정원, 피트니스 센터 등을 갖출 예정이다.

발주자는 건설 공사 발주 및 공사 관리에 경험이 많았다. IPD라는 새로운 방식을 과감히 선택할 수 있었던 배경에는, 그간의 경험을 바탕으로 국내 건설 산업의 도급 공사 및 국내 최저가 입찰 방식의 문제점을 익히 알고 있었던 발주자가 있었다. 발주자는 IPD의 원리와 기대 효과를 내부적으로 연구하고, 프로젝트 초기부터 IPD를 적용하고 운영하였다.

PM 업무 시작 후, 기획 단계에서 선진 연구소 벤치마킹 및 사례 조사를 위해 미국 포틀랜드에 위치한 건축/토목/도시 설계 전문 회사인 오텍(Otak)에서 바이오연구소 관련 컨설팅 및 서울 출장을 통하여 기획 설계(Basis of Design)를 하였다. 설계사 선정은 지명 경쟁으로 5개 회사를 예비 후보로 하여 3개사에 대하여 PQ, 기술 및 제안 발표를 평가하여 선정하였으며, 프리콘 업무를 위한 시공사 선정 또한 기술 평가와 제안 발표로 선정하였다.

프리콘 업무 수행을 위해 발주자의 지원으로 설계사 및 PCS 시공사와 함께 빅룸을 운영하였다. 빅룸 운영 초기 단계에는 미국의 PM 전문 회사인 DAYCPM사의 경험과 노하우 습득을 위하여 IPD 트레이너가 매월 일주일씩 3회에 걸쳐 한국에 방문하여 IPD 워크숍(Workshop)을 제공하였으며, 이러한 워크숍을 통하여 IPD 운영의 실무 활동과 프로젝트 참여자들의 이해를 높였다고 할 수 있다.

다자 계약이 아닌 단일 계약(발주자와 PM사, 발주자와 설계사, 발주자와 시공사)으로 진행하였기 때문에 프로젝트 참여자의 적극적인 협력 체계와 인센티브 적용에는 한계가 있었지만, 기본 설계 이후 실시 설계 단계에는 빅룸에 설계사의 팀원 합류와 착공 일정 준수를 위한 시공사의 노력으로 프리콘 단계의 일정 준수와 목표 공사비에 의한 실시 설계 성과를 이룰 수 있었다.

TVD 활동을 위한 설계 단계별 공사비 산출 및 단계별 분야별 공사비 추이(Cost Trending) 보고, A3 보고서에 의한 원가 절감 아이디어 비교 검토, 인허가(건축 허가 이후 지하 안전 영향성 평가 절차 수행 등)의 중복성 검토 및 실시 설계 진행이 추진되었다. 실시 설계를 위한 툴로 BIM 및 오토캐드가 병행 사용되었으며, BIM 설계는 국내에서 인허가 업무 및 관련 부서 협의시 아직 적용되지 못하는 아쉬움이 있었지만, 설계 검토, 시공성 및 간섭 검토에 활용되었다.

토공사 착공 및 패스트트랙 적용을 위해 풀 플래닝을 적용한 결과 착공 일정을 준수할 수 있었다. 토공사 단계에서는 계약 조건에 리스크 및 인센티브 제도를 도입하였으며, 이는 시공사의 원가 절감을 위한 적극적인 동기 부여 기제로 작용하였다.

현재 진행 중인 프로젝트로 품질 및 공사비(비용) 등 최종 평가 결과가 나오기에는 아직 이르지만, 많은 관계자의 노력과 집중으로 성공을 확신할 수 있는 프로젝트이다.

IPD 발주방식 내다보기

- 과거: 한국 건설업계,
  혁신이 필요하다
- 현재: 똑똑한 발주자는 IPD -
  시작이 반이다
- 미래: IPD의 성공적인 정착과
  진화하는 건설 생태계를
  구축하자

과거: 한국 건설업계,
혁신이 필요하다

한국 건설 산업의 지난 20년은 선진 프로젝트 발주 정착의 일환으로 CM 방식의 성공적 안착을 위해 부단히 노력한 기간이었다. 한국건설관리학회(KICEM) 및 CM사, 정부 관련 부처들을 중심으로 다양한 심포지엄 및 워크숍이 개최되어 지난 20년 동안의 성과, 부족했던 점, 개선할 점을 허심탄회하게 토론할 기회가 많았다. 하지만 논의의 결론은 그리 밝지만은 않았다. 공공 발주에 CM과 감리를 통합한 '건설사업관리'라는 특별한 용어와 개념이 도입되었는데, 아직까지도 한국 건설 시장의 고질적인 병폐를 해결하기에는 역부족이라는 평이 대다수였다.

설계 시공 분리 발주(DBB)로 대표되는 기존 발주 방식은 a)발주자와 설계사, 발주자와 시공사 간의 수직적인 생산 체계와 지배 구조, b)시공 전(Preconstruction) 단계와 시공 단계의 구조적 연계성 부재로 생산성 및 효율성 저하 및 불투명한 품질, c)하자 발생 시 불분명한 책임 소재로 인한 프로젝트 참여자 간 잦은 마찰과 분쟁, d)참여자들 간의 연계성 부족에 따른 공종간 간섭, 마찰 등으로 인해 프로젝트 전반의 효율성 저하라는 결과를 낳았고, 이는 건설 산업 전반의 총체적 기술력 저하와 경쟁력 약화로 이어졌다.이 발주 방식은 공종간 유기적인 상호 협력을 바탕으로 효율적인 설계 및 시공이 필수불가결한 특성을 갖는 건설 산업의 본질을 간과한 것으로 해석되며, 건설 산업의 발전을 저해할 우려가 있다. 이같은 고질적인 문제의 해결책으로 설계 시공 일괄 발주 방식(DB)과 건설사업관리(CM/GC 및 CM at Risk) 등을 도입하였으나, 성공적으로 정착했다고 보기에는 아쉬운 점이 많고 아직까지도 해결해야 할 문제들이 산적해 있는 것이 현실이다.

한국 건설 산업의 고질적인 문제점의 원인을 요약하자면, 본질적으로 협력과 통합이 요구되는 건설 프로젝트의 독특한 특성에 대한 인식이 부족하였고 이를 구조적으로 해결하려는 의지 또한 부족했다고 할 수 있겠다. 발주자와 설계사, 발주자와 시공사, 협력업체 간 수직적인 관계가 형성되고 각 프로젝트 단계별로 분리된 계약을 하기 때문에, 협력하여 일하는 데에 한계가 존재하며 불신하는 환경이 조성된다. 참여자들 간 의사소통이 부족하기 때문에 통합적인 사고, 효율적인 관계 구축 및 생산성 향상에 본질으로 한계가 발생한다. 이들을 해결하기 위해서는 조금 더 강력한 새로운 무기가 필요하다.

현재: 똑똑한 발주자는 IPD – 시작이 반이다

4차 산업혁명이 모든 산업 분야에 큰 변화를 일으키고 있다. 대량 생산과 분업에 기초한 생산성 향상을 강조해왔던 기존의 산업 구조에서, 모든 것이 상호 연결되고 보다 지능적인 사회로의 진화가 이루어지고 있다. 건설 산업 또한 4차 산업혁명의 영향을 받아 혁신을 향한 기로에 서 있다. 융합과 소통, 공유가 중시되는 이 시점에 프로젝트 참여자들 간의 협력과 통합을 바탕으로 '프로젝트 중심 의사 결정 (Best for Projcet)'을 추구하는 IPD는 건설 산업에 혁신을 불러일으키기 위한 최적의 발주 방식이다.

현명한 발주자, 설계사, 시공사는 이미 협력과 통합의 중요성을 인지하고, 서로 간의 경계를 허물고, IPD를 본인들의 프로젝트에 적용하려고 적극 시도하고 있다.

IPD는 건설 프로젝트의 계획-설계-시공으로 이어지는 일련의 과정에서 참여자들을 조기에 참여시키고 통합해 하나의 융합된 팀으로 프로젝트를 운영하는 방식이다. 앞서 언급한 바 있는 국내 건설 산업의 고질적인 병폐로 꼽히던 문제점을 해결할 수 있는 새로운 발주 방식이자 최적의 장치이다.

2장에서 자세히 설명했듯이, IPD는 다음의 9가지 원리들을 기반으로 한다. 이들이 프로젝트에서 조화롭게 적용될 때 프로젝트를 한 단계 높은 성공으로 이끌 수 있다. 이 원리들은 프로젝트 참여자들 간의 협력을 용이하게 하는 원리와 계약적인 방법을 통해 프로젝트 참여자들을 공동 운명체로 만드는 문화와 환경을 조성하는 통합의 원리로 구성된다.

- 주요 프로젝트 참여자의 조기 참여(Early Involvement of Key Participants)
- 지속적 소통과 문제 해결 프로세스(Continuous Communication and Issue Resolution Process)
- 협조적이고 동등한 의사 결정(Collaborative and Equitable Decision Making)
- 프로젝트 정보 시스템의 공유 및 접근성(Access to Shared Information Systems)
- 공동 프로젝트 목표 확정 및 검증(Jointly Developed and Validated Targets)
- 비용과 보상의 공유(Shared Cost and Reward)
- 토론과 협상을 통한 위험도 분배(Negotiated Risk Distribution)
- 관계 기반 다자 계약(Multi-Party Relational Contract)
- 재정적 투명성(Financial Transparency among Key Participants)

이들이 올바르게 작동하고 효과를 발휘하도록 다양한 프로젝트 관리 도구들이 활용된다. 물리적인 단일 공간을 통해 협력과 협업의 효율성을 높이는 코 로케이션(Co-location, Big Room), 설계와 동시에 목표 비용 및 가치를 발전시켜나가는 목표 가치 중심 설계(Target Value Design), 주요 프로젝트 참여자의 조기 참여로 가능해지는 설계 단계 시공성 계획, BIM, 건설 소프트웨어 등 협업의 도구로 기술 사용, 자원의 공급과 수요를 매치하여 공정을 개선하고 더 높은 공정 계획 신뢰성을 확보할 수 있는 대안 공정 계획법, 프로젝트 전 과정에서 불필요한 낭비를 줄이고 생산성을 향상시키기 위한 지속적인 개선 활동 등이 적극 활용될 때 프로젝트 참여자들 간에 협력적이고 공생하는 환경이 조성될 수 있다.

미국의 IPD와 더불어 호주와 뉴질랜드에서는 얼라이언싱이, 영국에서는 파트너링이 건설 프로젝트 발주 및 계약 방식으로 적극적으로 활용되었다. 신기하게도 해당 발주 방식은 국가별로 독립적으로 발생하였고 자생적으로 성장하였다. 이들은 모두 기존의 프로젝트 발주 방식에서 나타난 설계와 시공의 분리에서 비롯되는 비효율과 자원 낭비, 분리 계약이 초래하는 프로젝트 참여자들 간의 불신 문화와 적대적 관계를 극복하는 대안을 찾는 과정에서 발생했기 때문에, IPD, 얼라이언싱, 파트너링의 기본 철학은 동일하다. 이것은 전 세계적으로 협력과 통합의 중요성을 인지했으며, 이를 통해 건설 프로젝트 혁신을 현실화하려는 시도가 성공한 결과라고 해석할 수 있겠다.

지난 20년간 국내에 CM을 올바르게 정착하기 위해 공을 들여오는 사이에, 건설 선진국에서는 IPD를 창조하고 성공적으로 수행하여 다시 한 단계 이상 도약하였다. 이에 더하여, 그동안 축적된 경험을 바탕으로 선진 계약법, 프로젝트 관리 프로세스, 프로젝트 사례, 전문 자문 역할 등 다양한 툴과 구성 요소들을 차곡차곡 구축해나가고 있다.

국내 건설 시장에서 IPD는 여전히 생소한 개념이지만, 소수의 현명하고 도전적인 발주자와 설계사, 시공사를 중심으로 협력과 통합의 중요성을 인지하고 IPD를 도입하려 노력하고 있으며, 학계에서도 IPD와 관련하여 활발히 연구가 이루어지고 있다.

현재 신축 중인 마곡 R&D 센터 프로젝트에는 한미글로벌이 PM으로 참여하여 IPD 방식을 제안하였으며, 발주자에게 채택됨으로써 국내 최초의 IPD 프로젝트를 주도하고 있다. 관계 기반의 다자 계약까지는 이르지 못한 IPD형 프로젝트이지만, 빅룸, 풀 플래닝, 목표 가치 중심 설계(TVD), BIM 등 IPD 관리 도구들을 적용하여 국내 건설 시장의 새로운 발주 방식으로 정착시키기 위해 노력하고 있다.

우리나라 건설업계의 큰 변화가 시작되는 현 시점에 이를 인지하고 도입하기 시작했으니, '시작이 반'이라는 격언처럼 반은 이루었다고 볼 수도 있겠다. 남은 과제는 IPD를 국내 건설 시장에 적극적으로 도입하고 적용하여 경험과 노하우를 축적해나가면서, 빠르게 진화하는 해외 건설 시장에서 경쟁력을 갖추어 나가는 일이다.

미래: IPD의 성공적인 정착과 진화하는 건설 생태계를 구축하자

많은 전문가들이 IPD를 국내에 적용하기 위해 극복해야 할 문제점으로 현 건설 계약 제도의 제한성을 공통적으로 지적해왔다. IPD의 기본 특성 중 주요 프로젝트 참여자의 조기 참여, 지속적 소통과 문제 해결 프로세스, 협조적이고 동등한 의사 결정, 프로젝트 정보 시스템의 공유 및 접근성, 공동 프로젝트 목표 확정 및 검증은 계약 제도와 관계 없이 융통성 있게 사용 가능한 협업 위주의 원리들이다. 이들은 협업을 적극적으로 장려하는 것으로, 우선 이들만이라도 적극적으로 수용하여 IPD형(IPD-ish 또는 IPD-lite) 발주 방식으로 접근한 후에 다자 계약, 면책 조항 등을 계약에 포함하여 순수 IPD로 발전시켜나가는 방향 또한 적극적으로 추천된다.

IPD의 여러 원리들 중 협업을 장려하는 원리들을 기존 발주 방식으로 진행되는 프로젝트에 적극적으로 적용하여 IPD의 효과를 작게나마 체험하도록 하는 것이, 궁극적으로는 IPD를 국내 건설 시장에 정착시키고 발전시키는 데 큰 동력이 될 것으로 보인다. 물론 장기적인 관점에서 국내 건설 계약 제도의 개선도 중요하지만, IPD형 프로젝트들이 활성화되어 긍정적인 경험들이 쌓이는 것이 선행되어야 할 것이다.

IPD 경험이 없었던 미국 발주자들이 IPD를 시범적으로 사용하게 된 여러 이유 중에서도 가장 중요하게 작용한 것은, 기존에 성공적인 프로젝트 수행을 통해 신뢰가 쌓인 설계사와 시공사들과 IPD를 시도했다는 점이다. 새로운 발주 방식으로 프로젝트를 진행하더라도, 속임을 당하지 않을 것이라는 믿음이 출발점이 되었다. 그러므로 한국에 관련 계약법이 존재하지 않아 IPD 발주 방식을 도입하기 어렵다거나 계약법의 손질이 선행되어야 한다는 주장은 매우 위험한 발상일 수도 있다. 서양 속담에 "마차를 말 앞에 두지 마라(Don't put the cart before the horse)"라는 표현이 있다.([그림 5.1]) 마음이 급하다고 마차를 말 앞에 둘 경우 마차가 앞으로 나아가지 못한다는 말로, 큰일에는 거기에 맞는 순서가 있다는 뜻이다. IPD의 사례에서 드러나는 놀라운 성과에 도취되어 IPD 계약에만 집중할 경우 벌어질 수 있는 상황을 은유적으로 보여준다 할 수 있다.

[그림 5.1] 마차를 말 앞에 두지 마라(Don't Put The Cart Before The Horse)

또한 IPD를 성공적으로 국내에 도입하기 위해서는 IPD 프로젝트 진행 과정에서 발주자의 역할이 크고 중요하다는 점을 국내 발주자에게 설득하는 것이 필수적이다. 미국에서 IPD의 탄생과 도입은, 똑똑한 발주자들이 프로젝트에 투입한 비용에 대해 최대의 효과와 가치를 누리려면 무엇을 바꾸어야 하는지를 끊임없이 고민하고 분석하면서 시작되었다는 점을 잊어서는 안 된다. IPD 프로젝트를 진행할 때 발주자의 역할은 초창기 계획 단계와 초기 설계 단계에서 집중적으로 중요하다. 오리건주에 위치한 하이테크 IT 회사(발주자) 프로젝트 관리자의 의견에 따르면, 오히려 기존 프로젝트 방식보다 IPD 프로젝트가 전체적으로

스트레스와 부담이 적었다고 한다. 프로젝트 초창기에 참여자들이 집중적으로 참여하여 대부분의 주요 의사 결정이 확정되고 나면, 이후에는 설계사와 시공사들이 적극적이고 효율적으로 프로젝트를 진행하고 관리하기 때문이다. 이러한 경험적 지식과 성공 사례들을 국내 발주자들에게 지속적으로 교육하는 기회를 제공한다면, IPD를 국내에 성공적으로 정착시키는 데 큰 역할을 할 것으로 판단된다.

미래의 건설 프로젝트들은 더욱더 대형화되고 복잡해지고 난이도가 높아질 것이다. 따라서 IPD로 대변되는 관계 기반 프로젝트 발주 방식이 더욱 성장하고 각광 받을 것으로 예상된다. 하지만 린의 전문가인 글렌 발라드(Glenn Ballard)가 말한 것처럼, 관계 기반 발주 방식에서 프로젝트 참여자들은 기존 발주 방식의 근시안적인 행동 방식과는 다르게 행동하고 관계해야만 한다. 발주자, 설계사, 시공사 모두 저가 공사 및 저가 서비스에 상당히 집착하는 듯한 기존 한국 건설업계의 가격 중심 환경이 이제는 가치 중심 환경으로 서서히 전환되고 있다. 그러나 소프트 밸류(Soft Value)를 인정해주는 선진 건설 환경과 문화를 수용하여 수직적 의사 결정을 지양하고 소통 기반의 수평적 의사 결정을 추구하면서 그에 호응하는 관계 기반 프로젝트 발주 방식을 정착시키는 일은, 매우 낯설고 어려운 문제이다. 하지만 어느 전문가의 의견처럼 한국 건설업계가 수익성에 아주 민감하게 반응하는 특징이 있다는 점을 고려하면, IPD가 발주자를 비롯해 프로젝트 참여자들에게 기존 발주 방식보다 더 나은 수익성을 창출할 가능성이 크다는 점이 알려지고 직접 체험하는 사례가 늘기 시작하면 아주 빠른 속도로 IPD가 전파될 가능성 또한 있지 않을까 기대한다.

본서에서는 미국의 IPD를 중심으로 하되, 영국의 파트너링과 호주의 얼라이언싱까지 포함하는 넓은 범위의 IPD를 심도 깊게 검토해 보았다. 궁극적으로 3가지 발주 방식 모두 동일한 개념을 바탕으로 발전되어왔지만, 세부적으로는 서로 다른 면들도 존재한다. 3가지 발주 방식 모두 한국 건설 시장에 긍정적 역할을 할 수 있을 것으로 판단된다. 중소 규모의 주거 프로젝트나 중간 난이도의 프로젝트 등에는, 영국의 파트너링을 적극적으로 검토하고 한국 건설 환경에 맞게 조정하여 시범 적용해 볼 수 있을 것이다. 또한 IPD 적용 과정을 기록으로 남겨 개선점을 도출하는 절차가 필요할 것으로 보인다. 프로젝트 난이도가 높고 복잡한 정부 발주 토목 공사들에는 호주의 얼라이언싱을 시범적으로 도입해보면 좋을 것이다. 물론 호주와 뉴질랜드 정부가 구축해 놓은 얼라이언싱 절차서 및 계약서를 철저히 숙지하고 한국 건설 환경에 맞게 내수화시키는 시간이 필요하며, 얼라이언싱 경험이 풍부한 전문가들의 적극적인 참여도 필요할 것이다. 고난이도의 복잡한 민간 빌딩 프로젝트 중에서도, 특히 다양한 공간 사용이 필요하고 공간 활용도를 최적화해야 하는 프로젝트에는 IPD를 시범 적용해보는 것을 목표로 삼고, 1-2년간 철저히 준비해나가는 것도 좋은 방법이다.

국내 건설관리 전문가와 석학들의 의견에 따르면, 과거 많은 노력에도 불구하고 CM이 다소 만족스럽지 못한 수준으로 한국 건설업에 정착하였다고 한다. 이에 대한 앞으로의 대안으로는 본질적 의미의 CM을 되살리려는 노력뿐만 아니라, 더욱 진보된 새로운 세대의 관계 기반 프로젝트 발주 방식을 소개하고 적용하는 노력이 필요하다고 본다. 그 과정에서 많은 이들이 여전히 혼동하고 있는 CM의 진정한 의미가 무엇인지를 체득할 것이기 때문이다. 프로젝트 중심 의사 결정(Best for Project)과 발주자의 성향을 고려한 베스트 프랙티스(Best Practice)가 궁극적으로 CM 및 IPD로 대변되는 관계 기반 발주 방식의 핵심이다. IPD에 관심이 있는 발주자, 설계사, 시공사에게는 IPD의 여러 도구들을 국내 상황에 맞도록 유연하게 변형하여 현명하게 사용하는 지혜가 필요하다 하겠다. IPD의 개념과 특성, 도구 등이 새로운 문화로 정착하여 국내 건설산업의 발전에 조금이나마 기여하기를 바란다.

참고문헌

참고문헌

Allison, M., Ashcraft, H., Cheng, R., Klawens, S., and Pease, J.(2018). Integrated project delivery: an action guide for leaders. IPDA.

Arup(2008), Partnering Contract Review for Office of Government Commerce. Arup, London.

Australian Government(2015), 「National Alliance Contracting Guidelines, Guidance Note 5: Developing the Target outturn Cost in Alliance Contracting」, Department of Infrastructure and Regional Development.

Ballard, G. and Howell, G.(1998), "Shielding Production: Essential Step in Production Control", Journal of Construction Engineering and Management, ASCE, 124(1), pp.11-17.

Chen, G., Zhang, G., Xie, Y., and Jin, X.(2012), "Overview of alliancing research and practice in the construction industry". Architectural Engineering and Design Management, 8(2), pp. 103-119.

Construction Industry Institute(CII)(2015a), 「Effective Project Alignment for Construction Success」, RT310, Austin, TX.

Construction Industry Institute(CII)(2015b), 「Making the Case for Advanced Work Packaging as a Standard(Best) Practice」, RT319, Austin, TX.

Construction Industry Institute(CII)(2012), 「Adding Value Through Front End Planning」, Austin, TX. P30.

Department of Treasury and Finance, Victoria(2010), 「Project Alliancing Practitioners' Guide」, http://www.ejcm.or.jp/eng/

pdf/victoria.pdf

Drogemuller, R, Crawford, J, Egan, S(2004), 「Linking Early Design Decisions Across Multiple Disciplines」, in European Conference of Product and Process Modelling in the Building and Construction Industry, Istanbul

Duffield, C., Young, D., Hadgraft, R., and Foster, R. (2014), Alliance Contracting—Evolving Alternative Project Delivery, University of Melbourne, Australia, http://www.commercial.unimelb.edu.au/alliance contracting

Egan, J.(1998), 「Rethinking Construction, Department of the Environment, Transport and Regions」, http://constructingexcellence.org.uk/wp-content/uploads/2014/10/rethinking_construction_report.pdf

Franz, B. and Leicht, R.(2012), 「Initiating IPD Concepts on Campus Facilities with a "Collaboration Addendum"」, Construction Research Congress, West Lafayette, IN, May 21-23,2012.

Gransberg, D.D., Scheepbouwer, E., and Loulakis, M.C.(2015), "Alliance Contracting – Evolving Alternative Project Delivery", NCHRP Synthesis 466, Transportation Research Board, National Academies, Washington, D.C., 72pp.

Integrated Project Delivery Alliance(IPDA)(2017a), 「Design to fixed target cost」, http://www.ipda.ca/research-performance/case-studies/design-to-fixed-target-cost (Accessed on May 15, 2017)

IPDA(2017b), 「Proving we build better together」, http://www.ipda.ca/research-performance/case-studies/proving-we-build-better-together (Accessed on May 15, 2017)

Khanzode, A. and Senescu, R.(2012), 「Making the Integrated Big Room Better」, http://www.ipda.ca/knowledge-competency/tools/making-the-big-room-better (Accessed on June 5, 2017)

Le Masurier, J.(2006), 「Motivating Performance Improvement in the New Zealand Construction Industry」, 3551481/Motivating_performance_improvement_in_the_New_Zealand_construction_industry

Lean Construction Institute(LCI)(2015), 「Last Planner System – Business Process Standard and Guidelines, Lean Construction Institute」, https://www.leanconstruction.org/media/docs/chapterpdf/israel/Last_Planner_System_Business_Process_Standard_and_Guidelines.pdf(accessed Jan 15,2018)

Lean Construction Institute(LCI)(2013), 「Kaizen and Lean Small Tools」, https://www.leanconstruction.org/copevents/kaizen-and-lean-small-tools(accessed Dec 18,2017)

Loeb, J., and Strickland, J.(2017), "Collaborative Design and Scoping Process", P2SL-LCI-AIA Lean Design Forum 2017, Jan 26-27, 2017. Berkeley, CA.

MacGillivray, S.(2016), 「Better Projects through Team Alignment」, https://www.projectmanagement.com/blog-post/22454/Better-Projects-through-Team-Alignment. (Accessed on June 18,2017)

Maheswari, J. U., Varghese, K., and Sridharan, T. (2006), "Application of Dependency Structure Matrix for Activity Sequencing in Concurrent Engineering Projects", ASCE Journal of Construction Engineering and Management, 132(5), 482~490.

Molenaar, K.(2016), 「Selecting Projects Delivery Methods and Building Cohesive Teams」, 2016 Design Build Institute of America(DBIA) Rocky Mountain Region Regional Conference, Denver, CO. May 20, 2016.

Molenaar, K., Mesner, J., Leicht, R., Franz, B., and Esmaeili, B(2014), Examining the Role of integration in the success of Building Construction Projects, Charles Pankow Foundation, and Construction Industry Institute.

Mosey, D., and Ball, M(2014), 「Procurement Trial case Study: Cookham Wood Prison, –Gov.UK」 https://www.gov.uk/government/publications/procurement-trial-case-study-cookham-wood-prison. (Accessed on July, 30, 2020)

Mosey, D.(2003). 「Guide to the ACA Project Partnering Contracts PPC2000 and SPC2000. The Association of Consultant Architects.

Oberlender, G.(2014) Project Management for Engineering and Construction, New York: McGraw-Hill, 3rd Ed.

Office of the Auditor-General(OAG)(2006), 「Achieving Public Sector Outcomes with Private Sector Partners」, OAG, New Zealand, https://www.oag.govt.nz/2006/public-private/docs/partnerships.pdf

Pettee, S. R.(2017), 「Constructability Reviews – An Introduction」, https://cmaanet.org/articles-white-papers, Construction Management Association of America(CMMA) (accessed on December 10, 2017)

Queensland Government (2008), Relational Procurement Options – Alliance and early Contractor involvement Contracts, Chief Procurement Office, Queensland government, Australia, p25.

Ross, J. (2008), Price Competition in the alliance selection process. PCI Alliance services, Infrastructure Delivery Alliance Forum, Perth, WA, Main Roads Department of Western Australia.

Roth, G.(1999), Analysis in Action: The value of Early Analysis, Eaton Corporation Innovation Center, Sooutfield, MI.

Tommelein, I.T., Ballard, G. and Lee, H. W.(2011), 「Task 4 Progress Report: Develop Target Value Design and Delivery Process to Incorporate Energy Efficiency Metrics」, Report for the U.S. Department of Energy.

van den Berg, M. and P. Kamminga(2006), "Optimising Contracting for Alliances in Infrastructure Projects," International Construction Law Review, Vol. 23, 2006, pp. 59–77.

Wilson, O(2014), The Owner's Guide to Starting Integrated Project Delivery, Lexington, KY, ISBN-10: 1499627327, ISBN-13:978-1499627329

Weller, S.(2016), 「Hubbard Center for Children Breaks Ground」, https://www.unmc.edu/news.cfm?match=19706

유승은, 김태완, 유정호(2017), "IPD 계약은 IPD 프로젝트의 필수조건인가 – 국내외 사례조사를 통하여-", Korean Journal of Construction Engineering and Managmeent, 18(1), 3-16.

주

1 Construction Industry Institute(CII)(2012), Adding Value Through Front End Planning, Construction Industry Institute, Austin, TX.

2 Rocque, B. L.(2003), Enabling Effective Project Sponsorship: A Coaching Framework for Starting Projects Well. 41st Annual ISPI International Performance Improvement Conference and Exposision. Boston, MA, USA.

3 Construction Users Roundtable(2004), "Collaboration, Integrated Information, and the Project Lifecycle in Building Design and Construction and Operation", WP-1202.

4 Construction Industry Institute(CII)(2019), Integrated Project Delivery for Industrial Projects, RT341, Austin, TX.

5 Integrated Project Delivery Alliance(IPDA)(2017a), 「Proving we build better together」, http://www.ipda.ca/research-performance/case-studies/design-to-fixed-target-cost/, Accessed on May 15, 2017.

6 Gransberg, D.D., Scheepbouwer, E., and Loulakis, M.C.(2015). "Alliance Contracting – Evolving Alternative Project Delivery", NCHRP Synthesis 466, Transportation Research Board, National Academies, Washington, D.C.,

7 Franz, B. and Leicht, R.(2012), 「Initiating IPD Concepts on Campus Facilities with a "Collaboration Addendum"」, Construction Research Congress, West Lafayette, IN, May 21-23,2012.

8 Drogemuller, R, Crawford, J, Egan, S(2004), "Linking Early Design Decisions Across Multiple Disciplines", in European Conference of Product and Process Modelling in the Building

and Construction Industry, Istanbul

9 Roth, G.(1999), 「Analysis in Action: The value of Early Analysis」, Eaton Corporation Innovation Center, Sooothfield, MI.

10 Construction Industry Institute(CII)(2015a), Effective Project Alignment for Construction Success, RT310, Austin, TX.

11 MacGillivray, S.(2016), 「Better Projects through Team Alignment」, https://www.projectmanagement.com/blog-post/22454/Better-Projects-through-Team-Alignment. Accessed on June 18,2017.

12 Lean Construction Institute(LCI)(2013), 「Kaizen and Lean Small Tools」, https://www.leanconstruction.org/copevents/kaizen-and-lean-small-tools/(accessed Dec 18,2017)

13 Khanzode, A. and Senescu, R.(2012), 「Making the Integrated Big Room Better」, http://www.ipda.ca/knowledge-competency/tools/making-the-big-room-better (Accessed on June 5, 2017)

14 ibid. 번역 및 응용함.

15 Tommelein, I.T., Ballard, G. and Lee, H. W.(2011), Task 4 Progress Report: Develop Target Value Design and Delivery Process to Incorporate Energy Efficiency Metrics, Report for the U.S. Department of Energy.

16 Lean Construction Institute(LCI)(2007), 「Target-Value Design: Nine Foundational Practices for Delivering Surprising Client Value」. 변형 및 응용함.

17 Loeb, J., and Strickland, J.(2017), "Collaborative Design and Scoping Process", P2SL-LCI-AIA Lean Design Forum 2017, Jan 26-27, 2017. Berkeley, CA.

18 Maheswari, J. U., Varghese, K., and Sridharan, T. (2006), "Application of Dependency Structure Matrix for Activity Sequencing in Concurrent Engineering Projects", ASCE Journal of Construction Engineering and Management, 132(5), 482~490. 변형 및 응용함.

19 Lean Construction Institute(LCI) (2017), 「5 Things to Consider When Setting Targets For Target Value Delivery」. 내용 발췌함.

20 Pettee, S. R.(2017) 「Constructability Reviews – An Introduction」, https://cmaanet.org/articles-white-papers, Construction Management Association of America(CMMA)(accessed on December 10, 2017)

21 Market Research Future, 「Global Construction Software Market Research Report」, https://www.marketresearchfuture.com/reports/construction-software-market-6189(Accessed on June 20, 2020)

22 Ballard, G. and Howell, G.(1998), "Shielding Production: Essential Step in Production Control", Journal of Construction Engineering and Management, ASCE, 124(1), 11-17.

23 Lean Construction Institute(LCI)(2018), 「Last Planner System – Business Process Standard and Guidelines, Lean Construction Institute」, https://www.leanconstruction.org/media/docs/chapterpdf/israel/Last_Planner_System_Business_Process_Standard_and_Guidelines.pdf(accessed Jan 15, 2018)

24 Wilson, O(2014), The Owner's Guide to Starting Integrated Project Delivery, Lexington, KY, ISBN-10: 1499627327, ISBN-13:978-1499627329.

25 Duffield, C., Young, D., Hadgraft, R., and Foster, R. (2014), 「Alliance Contracting—Evolving Alternative Project Delivery」, University of Melbourne, Australia, http://www.commercial.unimelb.edu.au/alliance contracting

26 Van den Berg, M. and P. Kamminga(2006), "Optimising Contracting for Alliances in Infrastructure Projects,"International Construction Law Review, Vol. 23, 2006, pp. 59–77.

27 Chen, G., Zhang, G., Xie, Y., and Jin, X.(2012), "Overview of alliancing research and practice in the construction industry". Architectural Engineering and Design Management, 8(2), p. 103-119.

28 Ross, J. (2008), "Price Competition in the alliance selection process". PCI Alliance services, Infrastructure Delivery Alliance Forum, Perth, WA, Main Roads Department of Western Australia. 응용함.

29 Australian Government(2015), 「National Alliance Contracting Guidelines, Guidance Note 5: Developing the Target outturn Cost in Alliance Contracting」, Department of Infrastructure and Regional Development. 변형 및 응용함.
30 Egan, J.(1998), 「Rethinking Construction」, Department of the Environment, Transport and Regions, http://constructingexcellence.org.uk/wp-content/uploads/2014/10/rethinking_construction_report.pdf
31 Arup (2008): Partnering Contract Review for Office of Government Commerce. Arup, London.
32 ibid.
33 Mosey, D.(2003), Project partnering Guide to PPC2000 & SPC2000, Association of Consultant Architects, Ltd.(ACA).
34 Mosey, D. (2003). Guide to the ACA Project Partnering Contracts PPC2000 and SPC2000. The Association of Consultant Architects.
35 Integrated Project Delivery Alliance(IPDA)(2017a), 「Proving we build better together」, http://www.ipda.ca/research-performance/case-studies/design-to-fixed-target-cost(Accessed on May 15, 2017)
36 Molenaar, K.(2016), "Selecting Projects Delivery Methods and Building Cohesive Teams", 2016 Design Build Institute of America(DBIA) Rocky Mountain Region Regional Conference, Denver, CO. May 20, 2016.
37 Knapp S., Long D., and Howell G.(2014), The Role of the Owner's Representative on IPD Projects. Proceedings IGLC-22, Oslo, Norway
38 Allison, M., Ashcraft, H., Cheng, R., Klawens, S., and Pease, J.(2018). Integrated project delivery: an action guide for leaders. IPDA.
39 Construction Industry Institute(CII)(2015b), Making the Case for Advanced Work Packaging as a Standard(Best) Practice, RT319, Austin, TX.

찾아보기

5

5 Whys 51, 64, 67, 68

A

A3 보고서 50, 51, 53, 114, 130, 140, 149, 152, 162, 163, 170

AWP 02, 03, 142, 143

B

BIM 2, 3, 33, 40, 50, 55, 56, 57, 76, 116, 130, 134, 140, 149, 152, 154, 156, 159, 162, 163, 164, 165, 167, 170, 177, 178

C

CII 8, 11, 98, 105, 142, 184, 187, 189

CM at Risk 6, 15, 16, 27, 28, 31, 105, 129, 174

CPM 56, 58, 170

CSDP 145

D

DB 6, 9, 10, 14, 15, 16, 20, 27, 31, 32, 96, 105, 129, 158, 174

DBB 4, 06, 7, 9, 11, 14, 15, 16, 22, 31, 32, 79, 102, 103, 105, 129, 162, 164, 174

E

EPC 141, 142

F

Front End Planning 08, 124, 142, 184, 187

I

ICL 152, 155

In-factory Construction 57

IPD형 13, 27, 28, 30, 178, 179

L

LCI 20, 22, 97, 134, 185, 187, 188

Lean Design and Construction 21

Lean production 21

LEED 127, 130

LPD 22, 23, 97

P

PDCA 50, 64

PDRI 08

PPC 63, 85, 86, 88, 93, 96, 149, 185, 189

Project Definition Rating Index 08

R

RFP 28, 79, 80, 89, 109, 117, 130, 151, 155

RFP/RFQ 89

RFQ 79, 89, 130

T

TA 63

TVD 46, 47, 49, 50, 53, 54, 114, 119, 128, 129, 130, 132, 136, 138, 139, 140, 141, 144, 145, 147, 149, 150, 152, 154, 158, 161, 166, 169, 170, 178

ㄱ

가치 공학 117, 124

거래적 계약 16, 28, 160

건설사업관리 04, 06, 14, 15, 54, 63, 174

계획-실행-점검-조정 64

공사비 트래킹 50

관계적 계약 16, 28, 73, 83, 100, 160

ㄴ

넷제로 150, 152, 153

ㄷ

다기준 의사 결정 52
단계별 공정 스케줄 60, 61, 62
대안 발주 방식들 04
데밍 사이클 64
데일리 허들 42
동시공학 52
디지털 프로젝트 관리 시스템 33

ㄹ

라스트 플래너 63, 139
라스트 플래너 시스템 50, 60, 114, 149, 152
라이다 2
리스크 공동 기금 139
리스크/보상 공동 기금 130, 148, 151
린 생산 21
린 설계 및 시공 21, 22, 23, 24, 70, 76, 97, 114

ㅁ

모듈화 공법 02, 03
목표 가치 기반 설계 130
목표 가치 중심 설계 46, 119, 178

ㅂ

분쟁 방지 문서 134
비용 영향 곡선 7, 8
빅룸 38, 39, 40, 41, 42, 43, 44, 45, 46, 47, 49, 50, 114, 115, 116, 117, 130, 133, 134, 140, 142, 146, 149, 156, 162, 164, 166, 167, 170, 178

ㅅ

상호 책임 면책 12, 27, 28, 36, 96, 148
서비스형 소프트웨어 57
설계 단계 시공성 계획 54, 177
설계 시공 분리 발주 4, 174
설계 시공 일괄 발주 방식 14, 122, 174
설계 시공 일괄 방식 123
설계 조정 49
설계-시공 분리 7
세트 기반 설계 50
시공 개시 합의서 90
시공 조정 49
시공 책임형 CM 15, 96, 105, 129
실비 정산 35, 70
실비 정산-정액 이윤 143

ㅇ

에드워드 데밍 64
오픈북 37, 78, 87, 121, 148, 160, 163, 168
위치 기반 계획 130
위험 공유 6, 11, 17, 20, 78, 124
위험 공유조항 12
위험 전가 6, 16, 17
위험도 기반 수익 34
이윤 공유 34, 152
이윤 공유도 34
이익 공유 6, 11, 20
이익 공유조항 12
이중 예비비 143

ㅈ

장점 기반 선택 50, 52, 130, 140, 149
적격 자격 심사 79
전 공정 스케줄 59, 60, 61, 62, 63
정액 도급 계약 119, 143, 152
제3자 독립 견적자 12

ㅊ

참여 합의서 90
추후 논의 아이템 리스트 43

ㅋ

코 로케이션 38, 124, 131, 143, 159, 177

ㅍ

포인트 클라우드 02
풀 플래닝 45, 61, 62, 70, 149, 152, 162, 164, 170, 178
풀 플래닝 기법 134
프로세스 리엔지니어링 22
프로젝트 목표 공사비 추정 70
프로젝트 정의 평가 지수 8
프로젝트 중심 의사 결정 24, 78, 87, 94, 113, 182
프로젝트 파트너링 합의서 88, 89, 91
프로젝트의 성공에 초점을 맞춘 의사 결정 77
플러스-델타 분석 64, 65, 66, 149

ㅎ

핵심 성과 지표 78, 89, 90, 92, 95
협업형 프로젝트 조달 방식 27
회계 장부 공개 37, 121